대학물리학 실험

EXPERIMENTS IN COLLEGE PHYSICS

황 지 현 저

도서출판 상 학 당

欲爲大者 當爲人役

크고자 하거든 남을 섬기라

머리말

자연계의 다양한 현상을 체계적으로 분석하고 연구하는 학문이 물리학이다. 물리학은 역학, 열역학, 전자기학, 광학 및 현대물리학으로 크게 나눌 수 있다. 이들 분야는 서로 유기적으로 연계되어 연구되며 생물학, 화학, 공학 및 의학에 이르기까지 다양한 분야에서 응용·융합되어 연구되고 있다. 또 다른 관점으로 물리학은 이론물리와 실험물리로 나뉜다. 이론물리는 물리학을 이론적으로 연구하는 분야이고, 실험물리는 물리현상을 실험적으로 재현하고 연구하는 분야로 실험방법과 실험장비의 개발까지 아우르고 있다. 물리학은 자연현상을 이론적으로 정립하는 것뿐만 아니라 실험적으로 검증하는 것으로 발전되어 왔다. 이런 의미로 공학인증제도가 도입된 공과대학에서 물리학 이론과 더불어 실습도 필수로 이수해야 하는 과목으로 자리잡았다 할 수 있다.

이 교재는 공과대학의 1학년 학생을 대상으로 대학물리학을 이수하는 학생의 물리학 실험을 위해 집필되었다. 실험의 주제와 순서는 이론수업과 병행하여 실시하고, 물리학의 기본개념을 체계적으로 이해하는 데 도움이 되도록 하였다. 대학물리학 이론수업에서 학습한 내용을 실체화하기 위하여 이론적인 개념을 단순화하여 실험을 설계하고, 실험장비를 사용하여 다양한 방법으로 결과값을 도출하여 이를 분석함으로써 이론적 결과를 검증하고자 한다. 이러한 과정을 수행함으로써 물리에 대한 이해력을 고취하는 데 목적을 두고 있다. 학생 스스로 실체화된 물리량들의 관계를 정립하여 물리에 대한 이해와 친밀도를 높이고 각자의 분야에서 활용하는 방안을 도출할 수 있는 역량을 강화하고자 한다.

특히 이 교재는 그간의 실습수업에서 결과값을 도출하고 관계를 정립하여 설명하는데 어려움을 느끼는 학생들을 위하여 구체적인 예시와 실생활에서 많이 활용되고 있는 엑셀 프로그램을 사용하는 방안을 제시하였다. 그리하여 주변의 도움을 최소화하여도 학생 스스로 결과값을 도출하고 분석할 수 있기를 바란다.

이 책의 출판을 위해 수고해주신 도서출판 상학당 관계자분들과 성결대학교 최정일 교수님, 김도규 교수님께 깊은 감사를 드린다. 그리고 인천대학교 故 권명회 교수님과 박인호 교수님께 존경과 감사를 드린다.

2020년 3월
저자 올림

차 례

제 1 장 1학기 실험

제 2 장 2학기 실험

Chapter 01

1학기 실험

1-1 길이의 측정

1-2 평균 속도와 순간 가속도

1-3 자유낙하 운동에서 중력 가속도

1-4 포사체의 포물선 운동

1-5 힘의 평형과 벡터 합성

1-6 뉴턴의 제2법칙

1-7 단진자의 역학적 에너지 보존

1-8 선운동량의 보존 법칙

1-9 단진자의 운동과 중력

1-1 길이의 측정

실험 목적

길이 측정 도구 사용법을 배우며 측정한 데이터를 사용하여 측정 오차의 한계를 인지한다.

- 측정값의 평균값과 표준편차의 개념을 익힌다.
- 측정의 정확도와 정밀도를 이해한다.
- 유효숫자 표시법과 연산 법을 익힌다.

1. 배경 이론

1) 버니어 캘리퍼스

버니어 캘리퍼스(Vernier Calipers)는 주척(어미자)과 부척(아들자)으로 정밀한 측정이 가능한 기기이다. 어미자의 한 눈금은 1mm를 나타내며, 아들자는 어미자의 1mm를 10등분한 길이(1/10mm), 20등분한 길이(1/20mm), 또는 50등분한 길이(1/50mm)까지 정확하게 측정할 수 있다. 측정 위치에 따라 물체의 두께, 내경, 외경, 깊이 등을 측정하는데 사용된다.

(1) 각 부의 명칭

[그림 1-1]은 버니어 캘리퍼스의 각 부의 명칭을 보여준다.

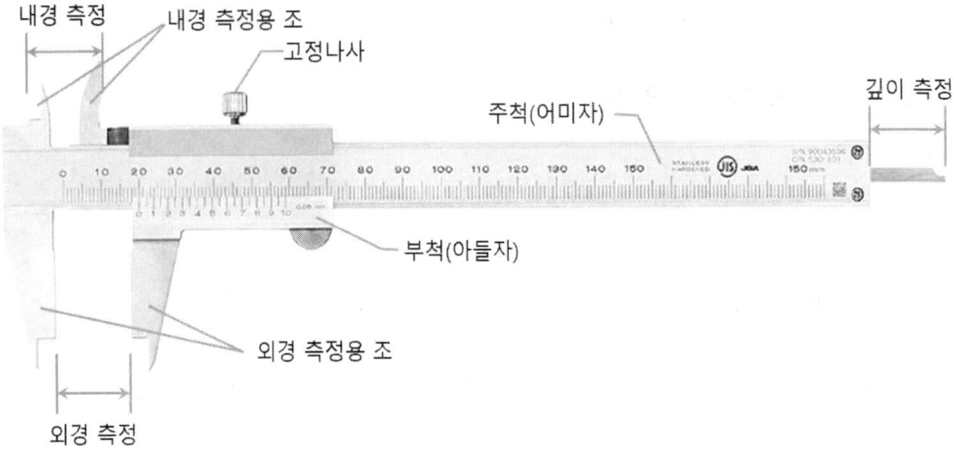

[그림 1-1] 버니어 캘리퍼스의 각 부의 명칭

(2) 측정값 읽는 방법(아들자의 한 눈금이 1/20mm=0.5mm 기준으로)

① 어미자에서 아들자의 눈금 0이 위치하는 어미자의 눈금을 정확하게 읽는다([그림 1-2]에서는 22mm).

② 어미자의 눈금과 아들자의 눈금이 일치하는 곳의 아들자의 눈금을 읽는다. [그림 1-2]에서 아들자의 한 눈금은 0.05mm이다([그림 1-2]에서는 0.6mm).

③ 과정 ①과 ②의 값을 더하여 측정값으로 한다.

따라서 버니어 캘리퍼스로 측정한 값은 22mm+ 0.6mm=22.6mm이다.

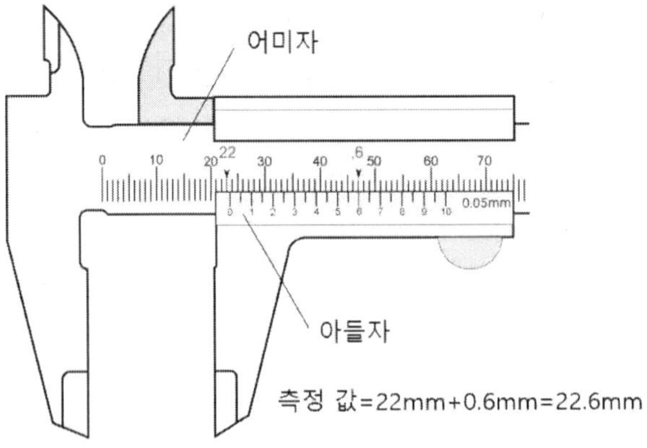

[그림 1-2] 버니어 캘리퍼스 눈금 읽는 법

(3) 측정시 주의 사항

- 측정 전 각 조의 측정면을 닫고, 어미자와 아들자의 0점이 일치하는 지를 확인한다. 이때 아들자의 10의 눈금과 어미자의 눈금도 일치한다. 이때의 측정압의 정도를 기억해서 다른 물체의 측정시 표준 측정압으로 적용한다.
- 필요 이상의 측정압이 가해지지 않도록 주의한다. 측정압이 너무 세면 측정면의 조가 벌어져 측정 오차가 발생한다.
- 어미자와 아들자의 눈금을 읽을 때는 정면에서 읽어 시차가 발생하지 않도록 한다.
- 외경 측정시에는 측정물을 가급적 외경 측정용 조 안의 어미자에 가깝게 넣고, 외경 측정용 조의 측정면 전체를 측정물에 밀착시켜 측정한다.
- 내경 측정시에는 내경 측정용 조를 가급적 측정하고자 하는 면에 깊이 넣고, 내경 측정용 조 측정면 전체를 측정물에 밀착시켜 측정한다.
- 깊이 측정시에는 깊이 바를 측정할 면에 대하여 직각이 되게 하여 측정한다.

2) 마이크로미터

마이크로미터(Micrometer)는 손으로 측정할 수 있는 장치 중 마이크로 단위까지 측정할 수 있는 정밀 측정장치이다. 어미자의 한 눈금은 0.5mm를 나타내며 아들자로 50등분한 길이(0.01mm)까지 정확하게 측정할 수 있는 기기이다.

(1) 각부의 명칭

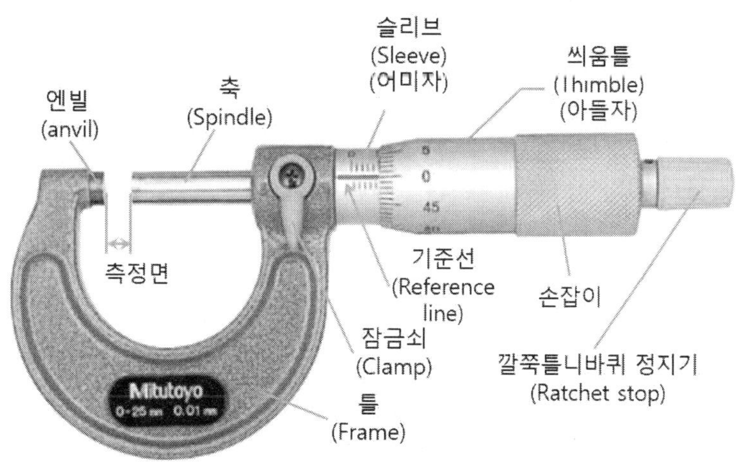

[그림 1-3] 마이크로미터의 각 부의 명칭

(2) 측정값 읽는 방법

마이크로미터도 어미자와 아들자로 구성되어 있다. 아들자는 어미자의 둘레를 회전하도록 되어 있다. 어미자는 기준선(Reference line or Index line)의 위 아래로 눈금이 새겨져 있는데, 기준선 위의 눈금은 0, 1, 2, 3 … mm를 나타내고 기준선 아래의 눈금은 0.5, 1.5, 2.5, 3.5 … mm를 나타낸다. 따라서 어미자의 한 눈금은 0.5mm를 나타낸다. 아들자는 원의 형태로 어미자의 둘레를 회전하도록 되어 있으며, 눈금은 50개로 어미자와 수직이고 어미자의 수평선과 만나는 눈금을 읽는다. 아들자가 1번 회전하면 어미자의 한 눈금 0.5mm를 전진하게 된다. 즉 아들자의 한 눈금은 100분의 1mm를 나타낸다.

측정하려는 물체를 두 날 사이에 놓고 손잡이를 돌려서 물체에 두 날이 거의 접근되면 끝의 깔쭉틀니바퀴 정지기(Ratchet stop)를 돌려서 물체에 날을 접촉시킨다. 물체에 날이 접촉된 후 정지기를 계속 돌리면 '탁'하는 소리가 나는데, 이후에는 더이상 돌리지 말고 그 때 어미자와 아들자의 눈금을 읽는다. 어미자의 눈금은 아들자의 회전 눈금이 지나지 않은 값을 읽고 아들자의 눈금은 어미자의 기준선과 만나는 지점의 눈금을 읽는다. 눈금을 읽은 후에는 영점을 보정해야 한다.

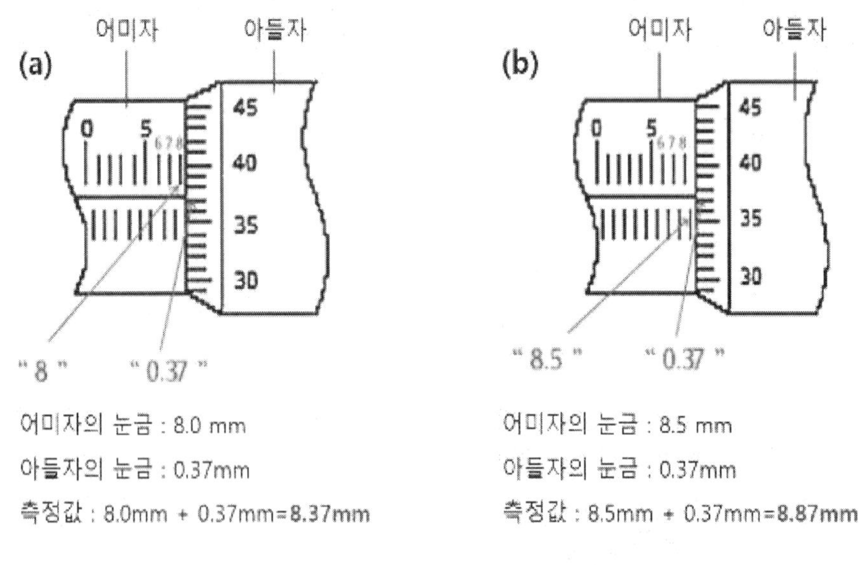

[그림 1-4] 마이크로미터 눈금 읽는법

① 아들자(Thimble)의 눈금 끝 경계면이 가리키는 어미자(Sleeve)의 눈금을 읽는다. 어미자의 눈금은 0.5mm 단위까지 읽는다.

② 어미자의 눈금 중앙의 기준선과 아들자의 눈금이 일치하는 값을 읽는다. 아들자의 눈금 단위는 0.01mm이다.

③ 과정 ①과 ②의 값을 더하여 측정값으로 한다.

[그림 1-4]의 경우 측정값은 아래와 같다.

(a) 어미자의 눈금은 8.0mm이고, 어미자의 기준선과 만나는 아들자의 눈금은 0.37mm이다. 따라서 측정값은 8.0mm + 0.37mm = 8.37mm이다.

(b) 어미자의 눈금은 아래쪽 눈금으로 8.5mm이고, 어미자의 기준선과 만나는 아들자의 눈금은 0.37mm이다. 따라서 측정값은 8.5mm + 0.37mm = 8.87mm이다.

(3) 측정 시 주의 사항

- 측정 전에 어미자와 아들자를 돌려 측정하는 면을 접촉시키고 어미자의 기준선과 아들자의 0점이 일치하는지 확인한다. 필요 이상의 측정압을 가하지 않도록 주의한다. 이 때의 측정압의 정도를 기억해서 다른 물체의 측정 시 표준 측정압으로 적용한다.
- 대부분의 마이크로미터는 두날이 직접 접촉했을 때 어미자의 기준선과 아들자의 0점이 일치하지 않는다. 따라서 아들자의 0점이 어미자의 기준선을 지나친 경우 지나친 눈금만큼 읽은 값에서 빼주어야 하며, 못미친 경우는 그만큼 읽은 값에 더해주어야 한다. ⇒ "영점 보정"(눈금의 오차를 기록하여 보정하도록 하자.)

3) 유효 숫자와 연산

측정값에서 자릿수를 나타내는 0을 제외한 모든 숫자를 유효 숫자라 한다. 예를 들어 측정값 0.000204의 경우 2 앞에 있는 0들은 자릿수를 나타내고 2, 0, 4는 유효 숫자이다. 따라서 이 경우 유효 숫자는 3개이다.

그러나 측정값이 20000이라면 2 뒤에 있는 0들은 자릿수를 나타내는지 유효 숫자인지 알 수 없다. 따라서 이 경우에는 유효 숫자를 기본으로 10의 지수로 나타내는 것이 효율적이다. 예를 들어 유효 숫자가 2와 0으로 두 개이면, 측정값은 2.0×10^4 으로 표시한다.

- 유효 숫자끼리의 덧셈과 뺄셈의 경우 계산 결과 값의 표현은 가장 적은 유효 숫자의 개수를 선택하여 가장 높은 수에서부터 유효 숫자만큼 표현한다. 유효 숫자 다음의 자리에서 반올림하여 표현한다.

㉮ $302.3 + 23.249 = 325.525 \fallingdotseq 325.5$(유효 숫자 4개)

$3.055 \times 10^4 - 2.3 \times 10^2 = (3.055 - 0.0023) \times 10^4 = 3.0573 \times 10^4 \fallingdotseq 3.057 \times 10^4$

(유효 숫자 4개)

- 유효 숫자끼리의 곱셈과 나눗셈의 경우 계산 결과 값의 표현은 적은 유효 숫자의 개수를 선택하여 표현한다. 유효 숫자 다음의 자리에서 반올림하여 표현한다.

㉮ $5.2016 \times 7.14 = 37.1394 \fallingdotseq 37.1$(유효 숫자 3개)

$8.246 \div 3.2 = 2.5769 \fallingdotseq 2.6$(유효 숫자 2개)

4) N번 측정한 측정값 분석

실험값의 평균 : $x_{평균} = \frac{1}{N}\sum_{i=1}^{N} x_i$

표준편차 : $\sigma \equiv \sqrt{\frac{1}{(N-1)}\sum_{i=1}^{N}(x_i - x_{평균})^2}$

표준오차 : $\sigma_{x} = \frac{\sigma}{\sqrt{N}} = \sqrt{\frac{1}{N(N-1)}\sum_{i=1}^{N}(x_i - x_{평균})^2}$ ⇒ 정밀도를 나타냄

측정값 표현법 : $x = x_{평균} \pm \sigma_x$

- 정확도는 측정값이 참값에 근접하는 정도를 나타낸다.
- 정밀도는 반복된 측정값이 어느 한 값에 수렴하는 정도를 나타낸다.

2. 실험 기구 및 재료

버니어캘리퍼스, 마이크로미터, 원통, 종이 등

3. 실험 방법

1) 버니어 캘리퍼스

① 주어진 원통의 내경, 외경, 깊이, 높이를 차례대로 측정하여 이들의 평균과 표준오차를 구한다.

② 측정 시 아들자가 밀리지 않도록 고정 나사를 조여 아들자가 움직이지 않도록 한다.

2) 마이크로미터

① 측정하려는 물체를 두 날 사이에 놓고 손잡이를 돌려서 물체에 두 날이 거의 접근하도록 한다.

② 마이크로미터 끝의 깔쭉틀니바퀴 정지기를 돌려서 물체에 날을 접촉시킨다.

③ 물체에 날이 접촉된 후 정지기를 계속 돌리면 계속 돌리면 '탁'하는 소리가 나는데, 이 후에는 더 이상 돌리지 말고 그 때의 어미자와 아들자의 눈금을 읽는다.

④ 종이의 수에 따른 종이의 두께를 각각 측정한 후 영점을 보정하고, 평균값과 표준오차를 구한다.

예비보고서

1-1 길이의 측정

<table>
<tr><td>실험일시</td><td></td><td>학 과</td><td></td><td>담당교수</td><td></td></tr>
<tr><td rowspan="2">제출자</td><td>학 번</td><td>이 름</td><td>실 험 조</td><td colspan="2">공동실험자</td></tr>
<tr><td></td><td></td><td></td><td colspan="2"></td></tr>
</table>

1. 이론 요약 (버니어 캘리퍼스와 마이크로미터 눈금 읽는 방법)

2. 실험 방법 (실제 실험 중심으로 요약)

결과보고서

1-1 길이의 측정

1. 버니어 캘리퍼스를 이용한 길이 측정 (원통)

1) 실험 측정값 기록

횟 수	영점 [mm]	내경 [mm]	외경 [mm]	깊이 [mm]
1				
2				
3				
4				
5				
평 균				
표준오차				
측정값 표현				

2) 표준 오차가 발생한 원인은 무엇인가?

2. 마이크로미터를 이용한 길이 측정 (종이)

1) 실험 측정값 기록

횟 수	영점 [mm]	1장 두께 [mm]	2장 두께 [mm]	장 두께 [mm]
1				
2				
3				
4				
5				
평 균				
표준오차				
측정값 표현				

2) 표준 오차가 발생한 원인은 무엇인가?

3. 고찰 (표준 오차와 원인, 해결 방법을 중심으로)

1-2 평균 속도와 순간 가속도

실험 목적

시공간에서 움직이는 물체의 운동을 기술하는 주요 물리량인 위치, 속도 및 가속도 개념을 이해한다.

1차원 직선 운동을 하는 물체의 평균 속도와 순간 속도를 측정하여 가속도를 구해본다.

1. 배경 이론

물체의 운동은 시간에 따른 물체의 위치 변화를 나타내는 것이다. 물체의 운동을 명확하게 구별하기 위해 속도와 가속도의 개념이 필요하다.

속도는 시간 변화에 대한 위치 변화의 비로 기술된다. 평균 속도와 순간 속도라는 두 가지 변화율을 갖는다.

평균 속도 $\bar{v}$는 다음과 같이 정의한다.

$$\bar{v} \equiv \frac{x_f - x_i}{t_f - t_i} = \frac{\Delta x}{\Delta t} = \frac{\text{위치변화량}}{\text{시간변화량}} \qquad \text{식(1-1)}$$

여기서 x_f와 x_i는 시간 t_f와 t_i에서의 위치를 나타내고, t_f와 t_i는 위치를 측정하는 나중 시간과 처음 시간을 나타낸다.

순간 속도v는 매우 짧은 시간 동안의 평균 속도이므로 다음과 같이 정의된다.

$$v = \lim_{\Delta t \to 0} \bar{v} \equiv \lim_{\Delta t \to 0} \frac{x_f - x_i}{t_f - t_i} = \lim_{\Delta t \to 0} \frac{\Delta x}{\Delta t} = \frac{dx}{dt} \qquad \text{식(1-2)}$$

가속도는 시간 변화에 대한 속도 변화의 비로 평균 가속도와 순간 가속도의 두 가지 변화율로 기술한다.

평균 가속도$\bar{a}$는 다음과 같이 정의한다.

$$\bar{a} \equiv \frac{v_f - v_i}{t_f - t_i} = \frac{\Delta v}{\Delta t} = \frac{\text{속도 변화량}}{\text{시간 변화량}} \qquad \text{식(1-3)}$$

순간 가속도a는 매우 짧은 시간 동안의 평균 가속도이므로 다음과 같이 정의된다.

$$a = \lim_{\Delta t \to 0} \bar{a} = \lim_{\Delta t \to 0} \frac{v_f - v_i}{t_f - t_i} = \lim_{\Delta t \to 0} \frac{\Delta v}{\Delta t} = \frac{dv}{dt} = \frac{d^2x}{dt^2} \qquad \text{식(1-4)}$$

일반적으로 속도와 가속도라 하면 순간 속도와 순간 가속도를 의미한다.

가속도가 일정하면 식(1-2)와 식(1-4)로부터 물체의 운동방정식 $x(t)$을 기술할 수 있다.

식(1-3)으로부터 $t_i = 0$이라 할 때,

$$v = v_i + at = \frac{dx}{dt} \Rightarrow t = \frac{v - v_i}{a} \qquad \text{식(1-5)}$$

$$x_f = x_i + v_i t + \frac{1}{2}at^2 \Rightarrow a = \frac{v_f^2 - v_i^2}{2(x_f - x_i)} \qquad \text{식(1-6)}$$

따라서 초기 조건인 x_i와 v_i가 주어지면 임의의 시간 t에 대한 물체의 속도와 위치를 알 수 있다.

2. 실험 기구 및 재료

포토 게이트 타이머 시스템(포토 타이머 1개, 포토 게이트 2개, 연결선 2개), 스탠드 2개, 클램프 2개, 글라이더 반발대 또는 글라이더 발사기, 에어 트랙, 글라이더, 버니어 캘리퍼스

1) 실험 장비 소개

(1) 포토 게이트 타이머 시스템

포토 게이트 타이머

포토 게이트

[그림 1-5] 포토 게이트 타이머와 포토 게이트

포토 게이트 타이머는 게이트 모드(Gate mode), 펄스 모드(Pulse mode), 진자 모드(Pendulum mode, PEND mode)의 3가지 측정 모드로 시간을 측정하는 장치이다. 측정 모드에 따라 물체의 운동 시간, 진동 주기 등을 직접 측정하거나 물체의 운동 시간의 측정값과 물체의 크기 정보를 이용하여 순간 속도(평균 속도), 가속도(평균 가속도) 등의 물리량을 간접적으로 측정할 수 있는 기기이다.

포토 게이트는 빛을 발생시키는 발광 다이오드와 빛을 검출하는 광센서로 결합된 장치인데, 임의의 물체가 포토 게이트의 발광 다이오드와 광센서 사이를 지나가면 모드에 따라 광센서에 광선이 가려지거나, 가리었다가 다시 노출될 때 타이머가 작동하는 원리로 시간을 측정하는 장치이다.

① 측정 모드의 기능

- Gate mode : 물체가 포토 게이트의 광센서를 가린 시간을 측정한다. 즉, 물체가 광센서를 가리기 시작할 때 타이머가 'start' 되고, 물체가 지나간 후 광센서가 광선에 노출될 때 타이머가 'stop' 되어, 물체가 광센서를 차단하는 순간부터 차단이 끝날 때까지의 시간을 축정한다. 물체의 길이를 안다면 물체의 순간 속도를 구할 수 있다.
- Pulse mode : 포토 게이트 2개를 사용하는 경우에 사용 가능하다. 첫번째 포토 게이트의 광센서를 물체가 차단하기 시작할 때부터 두번째 포토 게이트의 광센서를 물체가 차단하기 시작할 때까지의 시간을 측정한다. 두 포토 게이트 사이의 거리를 알면 평균 속도를 측정하는데 사용한다(주의 : 물체가 첫번째로 지나가는 포토 게이트가 반드시 채널 1에 연결되어야 한다).
- PEND mode : 물체가 하나의 포토 게이트의 광센서를 처음으로 차단하는 순간부터 3번째로 차단하는 순간까지의 시간을 측정한다. 이 기능은 진자의 주기를 측정하는 데 사용한다.

(2) 에어 트랙과 글라이더

송풍기를 사용하여 에어 트랙의 미세한 구멍들로 공기를 주입하여 에어 트랙과 글라이더 사이의 마찰을 줄여주는 장치이다(주의 : 에어 트랙의 수평이 맞지 않았을 시, 글라이더에 마찰력이 가해질 수 있으므로 주의한다).

3. 실험 방법

1) 평균 속도 측정

① [그림 1-6]과 같이 실험 장치를 설치한다(글라이더의 날개가 포토 게이트를 지나가도록 포토 게이트의 위치를 조절한다).

② 두 개의 포토 게이트 사이의 거리 ($L = \Delta x$)을 측정한다.

③ 포토 게이트 타이머의 모드를 'Pulse mode'를 눌러 설정한다.

④ 글라이더의 반발대를 사용하거나 글라이더 발사 장치를 사용하여 글라이더를 운동시킨다(매 실험 시, 같은 힘을 글라이더에 가하도록 주의한다).

⑤ 포토 게이트 타이머에 기록된, 글라이더의 날개가 두 개의 포토 게이트를 통과한 시간(Δt)을 기록한다.

⑥ 과정 ④와 ⑤를 5회 이상 반복한다.

⑦ 식(1-1)을 이용하여 평균 속도를 계산한다.

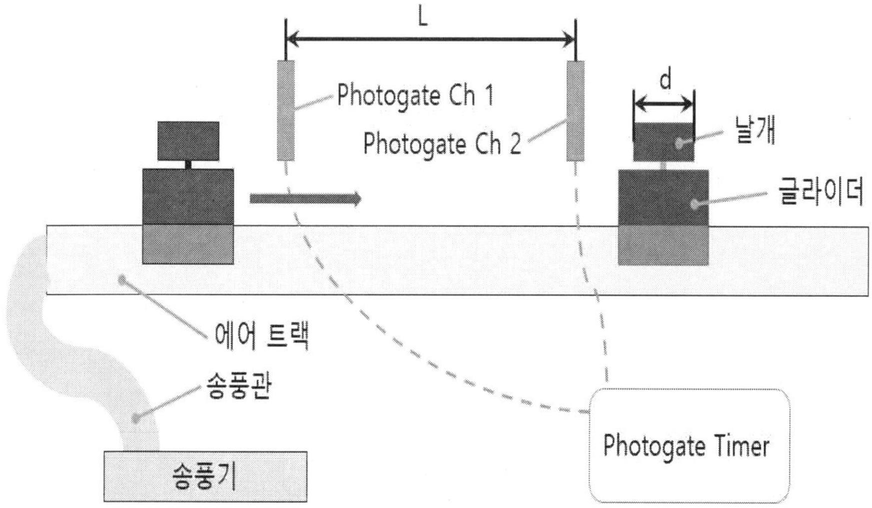

[그림 1-6] 실험 장치 설치방법

2) 순간 속도와 순간 가속도 측정

① [그림 1-6]과 같이 실험 장치를 설치한다(글라이더의 날개가 처음으로 지나가는 포토 게이트가 포토 게이트 타이머의 채널 1에 연결되어 있어야 한다).

② 글라이더의 날개가 포토 게이트를 지나가도록 포토 게이트의 위치를 조절한다.

③ 포토 게이트 날개의 폭($d = dx$)을 측정한다.

④ 두 개의 포토 게이트 사이의 거리 ($L = \Delta x$)을 측정한다.

⑤ 포토 게이트 타이머의 모드를 'Gate mode'를 눌러 설정한다.

⑥ 글라이더의 반발대를 사용하거나 글라이더 발사 장치를 사용하여 글라이더를 운동시킨다(매 실험 시, 같은 힘을 글라이더에 가하도록 주의한다).

⑦ 포토 게이트 타이머에 기록된, 글라이더의 날개가 포토 게이트를 지나간 시간 ($dt_1 - Ch1$, $dt_2 - Ch2$)을 기록한다.

⑧ 과정 ⑥와 ⑦을 5회 이상 반복한다.

⑨ 식(1-2)를 이용하여 순간 속도를 계산한다.

⑩ 과정 ⑨에서 얻은 순간 속도를 식(1-6)에 대입하여 순간 가속도를 계산한다.

예비보고서

1-2 평균 속도와 순간 가속도

<table>
<tr><td>실험일시</td><td></td><td>학 과</td><td></td><td>담당교수</td><td></td></tr>
<tr><td rowspan="2">제출자</td><td>학 번</td><td>이 름</td><td>실 험 조</td><td colspan="2">공동실험자</td></tr>
<tr><td></td><td></td><td></td><td colspan="2"></td></tr>
</table>

1. 이론 요약 (측정값과 결과값을 중심으로)

2. 실험 방법 (실제 실험 중심으로 요약)

결과보고서

1-2 평균 속도와 순간 가속도

1. 평균 속도 측정 실험 (Pulse mode)

1) 실험 측정값 기록

포토 게이트 사이의 거리 L : cm

횟 수	통과 시간 Δt [sec]	평균 속도 $\frac{L}{\Delta t}$ [cm/s]
1		
2		
3		
4		
5		
평 균		
표준 오차		
측정값 표현		

2) 표준 오차가 발생한 원인은 무엇인가?

2. 순간 속도 및 순간 가속도 측정 실험

1) 실험 측정값 기록

글라이더 날개의 폭 d : cm, 포토 게이트 사이의 거리 L : cm

횟수	통과시간 1 dt_1 [sec]	통과시간 2 dt_2 [sec]	순간속도 1 $v_1 = \frac{d}{dt_1}[cm/s]$	순간속도 2 $v_2 = \frac{d}{dt_2}[cm/s]$	순간가속도 $a = \frac{v_2^2 - v_1^2}{2(L)}$ $[cm/s^2]$
1					
2					
3					
4					
5					
평균					
표준 오차					
측정값 표현					

2) 표준 오차가 발생한 원인은 무엇인가?

3. 고찰 (표준 오차와 원인, 해결 방법을 중심으로)

1-3 자유낙하 운동에서 중력 가속도

실험 목적

자유 낙하 운동을 하는 물체의 위치에 대한 시간을 측정하여 중력 가속도를 구한다. 또 물체의 위치-시간그래프로부터 자유 낙하 운동의 물리적인 법칙을 이해한다.

1. 배경 이론

지상에서 자유 낙하하는 물체의 운동은 중력에 의한 등가속도 운동으로 기술된다. 중력이라는 일정한 힘이 물체에 작용하는 경우 물체는 등가속도 운동을 하게 되는데, 이때의 가속도를 중력 가속도라 부른다($a = g = 9.8m/s^2$) .

뉴턴의 법칙에 따라 물체에 작용하는 중력은 다음과 같이 기술된다.

$$F = mg = m\frac{dv}{dt} \Rightarrow g = \frac{dv}{dt} \qquad \text{식(1-7)}$$

자유 낙하하는 물체의 속도는 다음과 같이 얻어진다.

$$v_f = v_i + gt \qquad \text{식(1-8)}$$

물체가 정지 상태($v_i = 0$)에서 중력 가속도로 높이 h에서 지면까지 떨어지는 경우, 운동방정식은 다음과 같이 기술할 수 있다.

$$2gh = v_f^2 - v_i^2 \Rightarrow g = \frac{v_f^2 - v_i^2}{2h} \qquad \text{식(1-9)}$$

따라서 물체가 높이 h에서 지면으로 자유 낙하하는 동안 순간 속도의 변화를 측정하면 중력 가속도를 계산할 수 있다.

위의 식에 의하면 중력 가속도는 물체의 질량에는 무관하다는 것을 알 수 있다. 자유낙하 운동에서 공기의 저항은 무시하기로 하자.

2. 실험 기구 및 재료

포토 게이트 타이머 시스템(포토 타이머 1개, 포토 게이트 2개, 연결선 2개), 스탠드 1개, 클램프 2개, 쇠구슬, 플라스틱 공, 컵, 줄자, 버니어 캘리퍼스

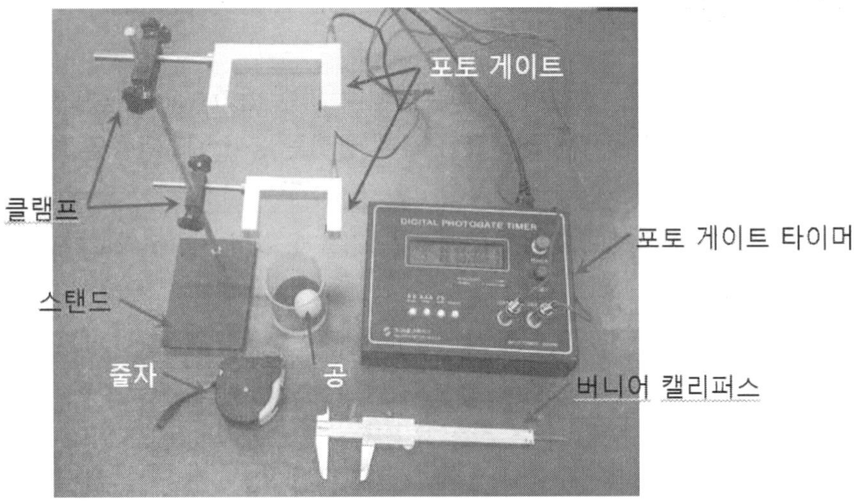

[그림 1-7] 실험 기구 및 재료

3. 실험 방법

① [그림 1-7], [그림 1-8]과 같이 스탠드와 클램프를 이용하여 포토 게이트 2개를 설치한다. 특히 위쪽의 포토 게이트가 포토 게이트 타이머의 채널1과 연결되어 있어야 한다.

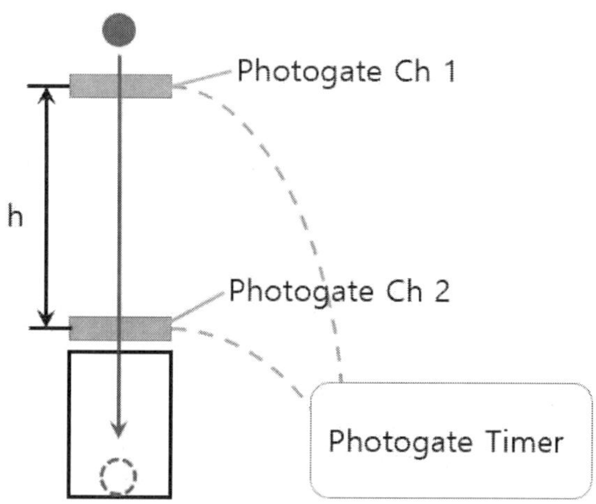

[그림 1-8] 실험 장치 설치 방법

② 아래쪽 포토 게이트에 가깝게 컵을 위치한다.

③ 포토 게이트 사이의 거리 즉, 물체의 낙하 높이 h를 측정한다.

④ 쇠구슬의 지름 d를 버니어 캘리퍼스로 측정한다.

⑤ 포토 게이트 타이머의 모드를 'Gate mode'를 눌러 설정한다.

⑥ 쇠구슬을 위쪽 포토 게이트와 가까운 곳에서 잡고 있다 놓는다. 이 때, 쇠구슬이 포토 게이트의 발광 다이오드와 광센서 사이를 지나가도록 위치하여야 한다.

⑦ 포토 게이트 타이머에 기록된, 쇠구슬의 포토 게이트를 통과 시간($dt_1 - Ch\,1$, $dt_2 - Ch\,2$)을 기록한다.

⑧ 과정 ⑥과 ⑦을 5회 이상 반복한다.

⑨ 포토 게이트 사이의 거리 h를 변경하여 과정 ⑥ ~ ⑧을 실행한다.

⑩ 물체를 바꿔 과정 ⑥ ~ ⑨를 실행한다.

예비보고서

1-3 자유낙하 운동에서 중력 가속도

실험일시		학　과		담당교수	
제출자	학　번	이　름	실 험 조	공동실험자	

1. 이론 요약 (측정값과 결과값을 중심으로)

2. 실험 방법 (실제 실험 중심으로 요약)

결과보고서

1-3 자유낙하 운동에서 중력 가속도

1. 물체 1 (쇠구슬)

물체의 지름 d : mm

1) 실험 측정값 기록

물체의 낙하 높이 h_1 : mm

횟수	통과시간 1 dt_1 [sec]	통과시간 2 dt_2 [sec]	순간속도 1 $v_1 = \frac{d}{dt_1}[mm/s]$	순간속도 2 $v_2 = \frac{d}{dt_2}[mm/s]$	중력가속도 $g = \frac{v_2^2 - v_1^2}{2h}$ $[mm/s^2]$
1					
2					
3					
4					
5					
평균					

물체의 낙하 높이 h_2 : mm

횟수	통과시간 1 dt_1 [sec]	통과시간 2 dt_2 [sec]	순간속도 1 $v_1 = \frac{d}{dt_1}[mm/s]$	순간속도 2 $v_2 = \frac{d}{dt_2}[mm/s]$	중력가속도 $g = \frac{v_2^2 - v_1^2}{2h}$ $[mm/s^2]$
1					
2					
3					
4					
5					
평균					

물체의 낙하 높이 h_3 : mm

횟수	통과시간 1 dt_1 [sec]	통과시간 2 dt_2 [sec]	순간속도 1 $v_1 = \frac{d}{dt_1}[mm/s]$	순간속도 2 $v_2 = \frac{d}{dt_2}[mm/s]$	중력가속도 $g = \frac{v_2^2 - v_1^2}{2h}$ $[mm/s^2]$
1					
2					
3					
4					
5					
평균					

2) 실험을 통해 측정된 중력 가속도의 평균값은 자유 낙하하는 물체의 중력 가속도 값($g=9.8m/s^2$)과 일치하는가? 아래 공란에 계산 과정을 쓰시오.

$$\left(\text{오차}=\frac{|\text{이론값}-\text{측정값}|}{\text{이론값}}\times 100\%\right)$$

3) 이론값과 다른 값을 나타냈다면 이유는 무엇이라고 생각되는가?

2. 물체 2 (   )

물체의 지름 d :   mm

1) 실험 측정값 기록

물체의 낙하 높이 h_1 :   mm

횟수	통과시간 1 dt_1 [sec]	통과시간 2 dt_2 [sec]	순간속도 1 $v_1 = \frac{d}{dt_1}[mm/s]$	순간속도 2 $v_2 = \frac{d}{dt_2}[mm/s]$	중력가속도 $g = \frac{v_2^2 - v_1^2}{2h}$ $[mm/s^2]$
1					
2					
3					
4					
5					
평균					

물체의 낙하 높이 h_2 : mm

횟수	통과시간 1 dt_1 [sec]	통과시간 2 dt_2 [sec]	순간속도 1 $v_1 = \frac{d}{dt_1}[mm/s]$	순간속도 2 $v_2 = \frac{d}{dt_2}[mm/s]$	중력가속도 $g = \frac{v_2^2 - v_1^2}{2h}$ $[mm/s^2]$
1					
2					
3					
4					
5					
평균					

물체의 낙하 높이 h_3 : mm

횟수	통과시간 1 dt_1 [sec]	통과시간 2 dt_2 [sec]	순간속도 1 $v_1 = \frac{d}{dt_1}[mm/s]$	순간속도 2 $v_2 = \frac{d}{dt_2}[mm/s]$	중력가속도 $g = \frac{v_2^2 - v_1^2}{2h}$ $[mm/s^2]$
1					
2					
3					
4					
5					
평균					

2) 실험을 통해 측정된 중력 가속도의 평균값은 자유 낙하하는 물체의 중력 가속도 값($g = 9.8 m/s^2$)과 일치하는가? 아래 공란에 계산 과정을 쓰시오.

3) 이론값과 다른 값을 나타냈다면 이유는 무엇이라고 생각되는가?

3. 고찰 (이론값과 측정값의 오차와 원인을 중심으로)

1-4 포사체의 포물선 운동

실험 목적

중력을 받아 포물선 운동을 하는 포사체의 운동은 수평 방향과 수직 방향의 운동으로 독립적으로 기술할 수 있다. 중력의 영향을 받는 이론적인 포물선 운동을 실험으로 확인한다. 또한 포사체의 초기 각도에 따른 포물선 운동의 변화를 살펴본다.

1. 배경 이론

중력을 받으며 운동하는 포사체의 운동은 공기의 마찰을 무시하면, 수평 방향($x-axis$)으로는 등속 운동을 하고 수직 방향($y-axis$)으로는 중력에 의해 중력가속도($g=9.8m/s^2$) 만큼의 가속도를 갖는 등가속도 운동을 한다. 수평면으로부터 높이 h에서 수평 방향에 대해 θ만큼 기울어진 각도로 v_0의 초기 속도로 발사된 물체의 경우, 수평 방향의 초기 속도는 $v_0\cos\theta$ 이고, 수직 방향의 초기 속도는 $v_0\sin\theta$ 이다.

수평 방향으로 작용하는 힘이 없기 때문에 등속 운동을 하게 되고, 수직 방향으로는 중력이 작용하여 등가속도 운동을 하게 된다.

수직 방향과 수평 방향은 운동은 다음과 같다(이 때, 초기 수평 위치 $x_0=0$, 나중 수직 위치 $y=0$, 처음 시간 $t_0=0$으로 정한다).

$$x = x_0 + v_{xo}t = v_0\cos\theta t \qquad 식(1-10)$$

$$y = y_0 + v_{yo}t + \frac{1}{2}at^2 = h + (v_0\sin\theta)t - \frac{1}{2}gt^2 \qquad 식(1-11)$$

포사체가 지면에 떨어지는 순간의 시간($t>0$)을 구하면 포사체의 수평거리를 계산할 수 있다. 먼저 식(1-11)에서 시간 t를 구하면,

$$0=h+(v_0\sin\theta)t-\frac{1}{2}gt^2 \rightarrow t=\frac{-(v_0\sin\theta)\pm\sqrt{(v_0\sin\theta)^2+2gh}}{-g}$$

$$t=\frac{(v_0\sin\theta)+\sqrt{(v_0\sin\theta)^2+2gh}}{-g} \quad (t>0) \qquad \text{식(1-12)}$$

이다. 만약에 수평 방향으로 물체가 운동한다면($\theta=0$), $t=\sqrt{\frac{2h}{g}}$ 이다.
식(1-12)을 식(1-10)에 대입하면 수평 거리는 다음과 같다.

$$x=v_0\cos\theta\left(\frac{(v_0\sin\theta)+\sqrt{(v_0\sin\theta)^2+2gh}}{g}\right) \quad (\theta\neq0) \qquad \text{식(1-13)}$$

$$x=v_0\sqrt{\frac{2h}{g}} \qquad (\theta=0)$$

2. 실험 기구 및 재료

포사체 발사기 세트(발사총, 막대, 각도기, 연직추, 스탠드, 대형 클램프), 플라스틱 공 2개, 먹지, A4 용지, 줄자, 버니어 캘리퍼스

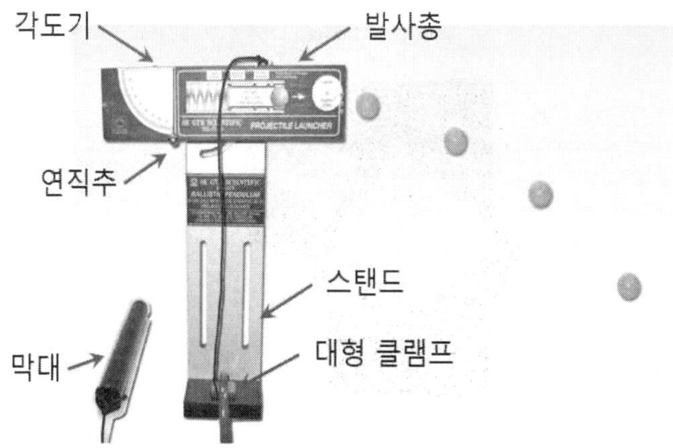

[그림 1-7] 포사체 발사기 세트

3. 실험 방법

① [그림 1-7]의 포사체 발사기 세트를 실험대에 대형 클램프로 고정한다.

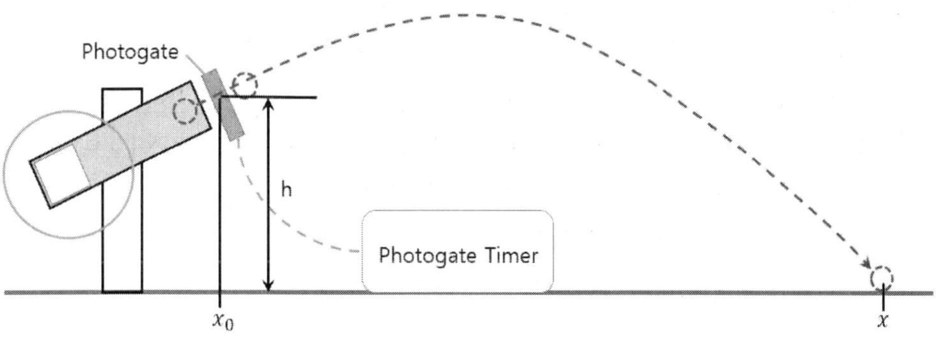

[그림 1-8] 실험 장치 설치방법

② 발사총의 총구 앞에 포토 게이트를 [그림 1-8]과 같이 위치한다. 발사총에서 나온 포사체가 포토 게이트의 발광 다이오드와 광센서 사이를 지나가도록 위치하여야 한다. 즉, 측정이 시작되는 포토 게이트 위치가 포사체의 초기 위치가 된다.

③ 연직추를 사용하여 발사될 포사체의 수평방향에 대한 각도를 0도로 조정한다. 수평 각도는 [그림 1-8]의 원을 확대한 [그림 1-9]과 같이 측정한다.

[그림 1-9] 수평 각도 측정 방법

④ 플라스틱 공의 지름 d를 버니어 캘리퍼스로 측정한다.

⑤ 포토 게이트의 발광 다이오드와 실험대 사이의 높이, 즉 낙하 높이 h를 측정한다.

⑥ 발사총에 플라스틱 공을 넣고 막대로 1단계까지 밀어 넣어 장전한다.

⑦ 막대와 연결되어 있는 방아쇠를 당여 플라스틱 공을 발사한다.

⑧ 플라스틱 공의 낙하 위치에 A4용지와 먹지를 고정한다.

⑨ 포토 게이트 타이머의 모드를 ‘Gate mode’를 눌러 설정한다.

⑩ 플라스틱 공을 장전하고 발사하여 포사체의 통과 시간 t를 측정한다.

⑪ 플라스틱 공이 떨어진 위치를 표시하고 포토 게이트의 발광 다이오드와 공의 낙하 위치 사이의 거리, 즉 수평 거리 x를 측정한다.

⑫ 과정 ⑩ ~ ⑪을 5회 반복한다.

⑬ 수평 각도를 변경하여 과정 ⑤ ~ ⑫를 반복한다.

예비보고서

1-4 포사체의 포물선 운동

실험일시		학 과		담당교수	
제출자	학 번	이 름	실 험 조	공동실험자	

1. 이론 요약 (측정값과 결과값을 중심으로)

2. 실험 방법 (실제 실험 중심으로 요약)

결과보고서

1-4 포사체의 포물선 운동

1. 수평 각도 $\theta_1 = 0^\circ$

1) 실험 측정값 기록

낙하 높이 h :   cm, 플라스틱 공 지름 d :   cm

횟 수	통과 시간 t[sec]	초기 속도 $v_0 = \frac{d}{t}$ [cm/s]	수평 초기 속도 $v_{xo} = v_0 \cos\theta$ [cm/s]	수평 거리 x [cm]
1				
2				
3				
4				
5				
평 균				

2) 식(1-13)에 대입하여 수평 거리 이론값을 계산하라.

$$x = v_0\sqrt{\frac{2h}{g}} \qquad (\theta = 0)$$

3) 실험을 통해 측정된 수평 거리의 평균값과 이론값은 일치하는가? 아래 공란에 계산 과정을 쓰시오.

$$\left(\text{오차} = \frac{|\text{이론값} - \text{측정값}|}{\text{이론값}} \times 100\%\right)$$

2. 수평 각도 $\theta_2 =$ °

1) 실험 측정값 기록

낙하 높이 h : cm, 플라스틱 공 지름 d : cm

횟 수	통과 시간 t[sec]	초기 속도 $v_0 = \frac{d}{t}$ [cm/s]	수평 초기 속도 $v_{xo} = v_0 \cos\theta$ [cm/s]	수평 거리 x [cm]
1				
2				
3				
4				
5				
평 균				

2) 식(1-13)에 대입하여 수평 거리 이론값을 계산하라.

$$x = v_0\cos\theta\left(\frac{(v_0\sin\theta) + \sqrt{(v_0\sin\theta)^2 + 2gh}}{g}\right) \ (\theta \neq 0)$$

3) 실험을 통해 측정된 수평 거리의 평균값과 이론값은 일치하는가? 아래 공란에 계산 과정을 쓰시오.

3. 수평 각도 $\theta_3 =$ °

1) 실험 측정값 기록

낙하 높이 h : cm, 플라스틱 공 지름 d : cm

횟 수	통과 시간 t[sec]	초기 속도 $v_0 = \frac{d}{t}$ [cm/s]	수평 초기 속도 $v_{xo} = v_0 \cos\theta$ [cm/s]	수평 거리 x [cm]
1				
2				
3				
4				
5				
평 균				

2) 식(1-13)에 대입하여 수평 거리 이론값을 계산하라.

3) 실험을 통해 측정된 수평 거리의 평균값과 이론값은 일치하는가? 아래 공란에 계산 과정을 쓰시오.

4. 고찰 (이론값과 측정값의 오차와 원인을 중심으로)

1-5 힘의 평형과 벡터 합성

실험 목적

힘의 평형 장치를 사용하여 한 점에 작용하는 여러 힘들의 평형 조건을 알아보고, 힘이 벡터의 합성과 분해를 만족하는 가를 벡터의 개념으로 확인한다.

1. 배경 이론

물체에 작용하는 힘은 벡터양으로 크기와 방향을 갖는 물리량이며 병진 운동과 회전 운동을 일으키는 원인이 된다. 따라서 병진 운동을 일으키는 힘을 힘 $\vec{F}$, 회전 운동을 일으키는 힘을 회전력 또는 토크 $\vec{\tau}$ 라 한다. 물체가 평형 상태를 유지하려면 병진 운동과 회전 운동의 변화가 없는 상태로써, 외부에서 물체에 작용하는 힘과 토크의 효과가 없는 상태가 유지되어야 한다. 따라서 물체가 평형 상태에 있을 조건은 병진 평형과 회전 평형 상태가 동시에 만족하여야 한다.

병진 평형 조건은 물체에 작용하는 모든 힘의 합이 영이 되어야 한다.

$$\sum_i \vec{F_i} = 0$$

이 조건이 적용되는 물체는 속도가 일정한 직선 운동을 유지하게 된다. 정지한 물체는 정지된 상태에 놓이게 된다.

회전 평형 조건은 물체에 작용하는 모든 토크의 합이 영이 되어야 한다.

$$\sum_i \vec{\tau_i} = 0$$

이 조건이 적용되는 물체는 각운동량이 일정하게 유지되는 상태이다.

일반적으로 물체의 평형 상태는 위의 두 조건을 동시에 만족하는 상태이다. 하지만 본 실험에서는 한 점에 작용하는 세 힘의 평형을 고려하므로 병진 평형 조건만 고려하면 된다.

힘의 평형 조건을 통해 벡터의 분해와 합성을 기하학적인 방법과 대수적인 방법을 통해 살펴보자.

1) 기하학적 방법

벡터양은 크기와 방향을 동시에 갖는 양으로, 두 벡터 $\vec{A}$와 $\vec{B}$의 덧셈은 [그림 1-10]처럼 표시된다.

$$\vec{R} = \vec{A} + \vec{B}$$

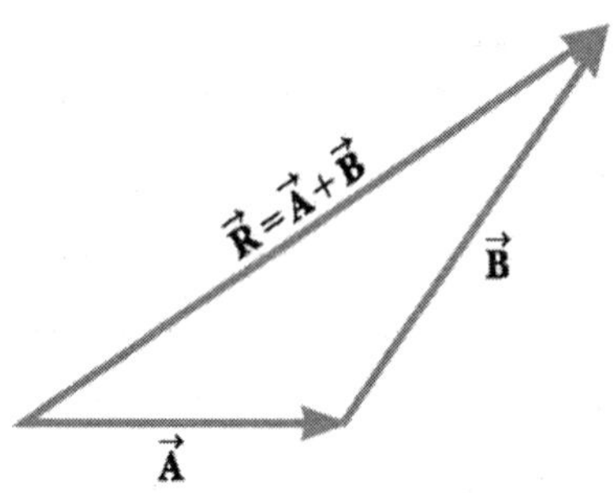

[그림 1-10] 두 벡터의 기하학적 벡터의 합성

[그림 1-10]과 같이 기하학적인 방업으로 벡터 $\vec{A}$의 시작점에서 벡터 $\vec{B}$의 끝점까지 그려준 벡터로 두 벡터의 합 벡터 $\vec{R}$을 표시한다. 둘 이상 벡터의 합인 경우 [그림 1-11]과 같이 처음 벡터의 시작점에서 마지막 벡터의 끝점까지 연결한 벡터가 벡터들의 합 벡터가 된다.

$$\vec{R} = \vec{A} + \vec{B} + \vec{C} + \vec{D}$$

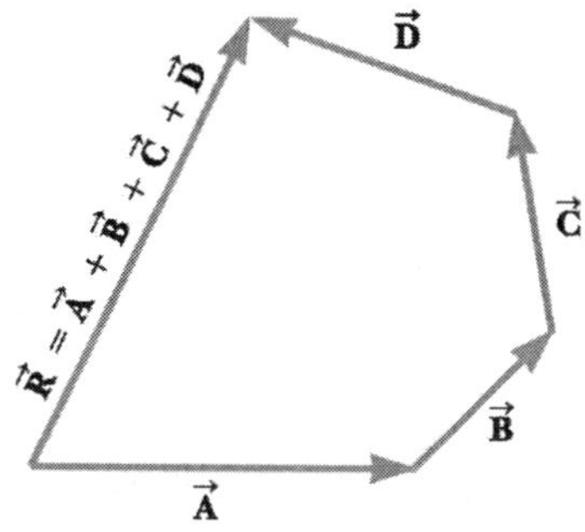

[그림 1-11] 둘 이상 벡터의 기하학적 벡터의 합성

2) 대수적 방법 : 벡터의 각 성분들을 이용한 합성

벡터는 [그림 1-12]처럼 각 방향의 성분들로 완전히 기술될 수 있다.

$$\vec{A} = \overrightarrow{A_x} + \overrightarrow{A_y} = A_x\hat{i} + A_y\hat{j} = |A|\cos\theta\hat{i} + |A|\sin\theta\hat{j}$$

$$A = \sqrt{A_x^2 + A_y^2}\ ,\ \tan\theta = \frac{A_y}{A_x}$$

여기서 $\hat{i}$, $\hat{j}$는 크기가 1인 x와 y 축의 단위 벡터이다. 대수적 방법에 의한 두 벡터의 합성은 성분을 대수적으로 더하는 것이다. 따라서 합 벡터 $\vec{R} = \vec{A} + \vec{B}$ 의 성분은 다음과 같다.

$$R_x = A_x + B_x$$

$$R_y = A_y + B_y$$

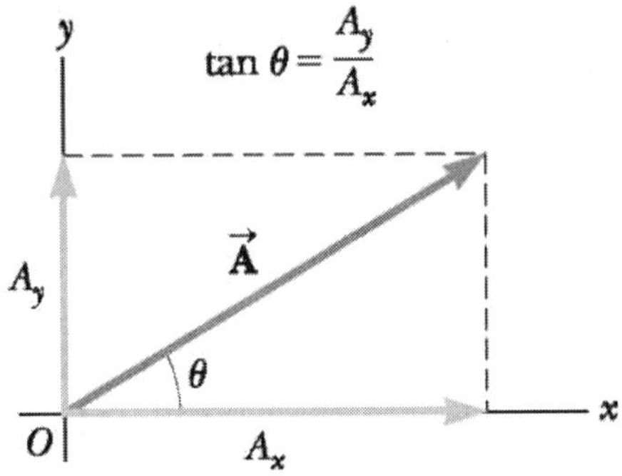

[그림 1-12] 벡터의 성분

2. 실험 기구 및 재료

힘의 합성대, 추와 추걸이 세트, 수평계, 실

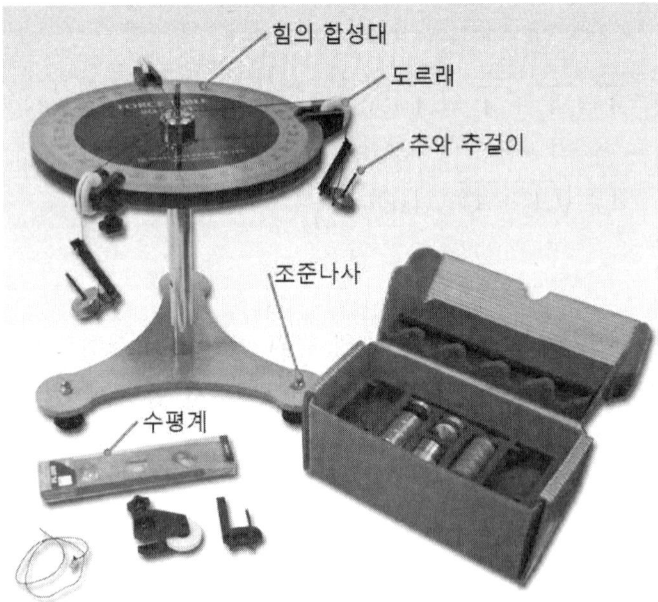

[그림 1-13] 힘의 평형과 벡터의 합성 실험 장치

3. 실험 방법

[그림 1-13]에 보이는 것처럼 추와 추걸이를 이용하므로 세 힘의 크기는 중력 $F_g = mg$, $(g = 9.8\ m/s^2)$ 로 주어진다.

평형 조건을 확인하기 위하여 세 힘의 벡터를 [그림 1-14]와 같이 축을 정하여 힘을 분리하고 각 성분들의 합이 영이 되는지 확인하여 힘의 평형 상태를 확인한다.

세 힘이 작용하는 계의 평형 조건은 다음과 같다.

$$F_1 = F_{2x} + F_{3x} = F_2 \cos\alpha + F_3 \cos\beta \quad \rightarrow x-\text{성분 평형 조건}$$

$$F_{2y} = F_{3y} \Leftrightarrow F_2 \sin\alpha = F_3 \sin\beta \quad \rightarrow y-\text{성분 평형 조건}$$

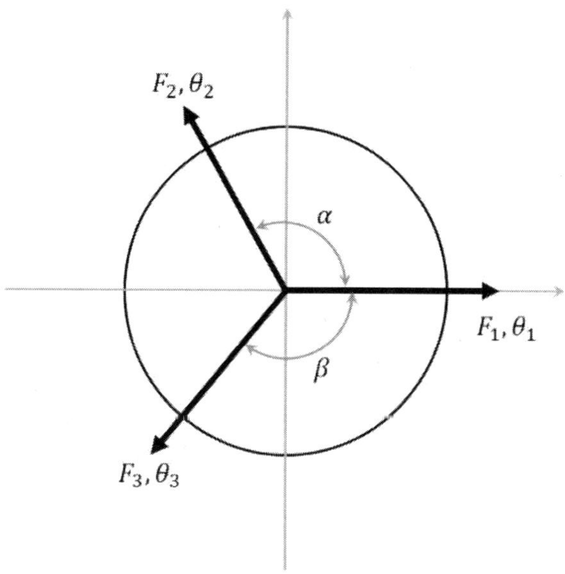

[그림 1-14] 평면판에서 평형상태인 세 힘과 사이각

① 수평계를 힘의 합성대 위의 눈금 원판에 올려놓고, 합성대의 조준 나사를 돌려 눈금 원판이 수평이 되도록 맞춘다.

② 포스링과 추걸이를 실로 연결한다. 실의 길이는 추걸이를 도르래에 걸었을 때 회전력이 발생하지 않도록 조절한다.

③ 추걸이에 추를 걸고 도르래를 움직여 포스링이 중심에 오도록 각도와 질량을 조절한다. 이 때, 하나의 추와 추걸이의 각위치 θ_1을 0°로 하여 F_1을 설정하는 것이 유리하다. 즉, F_1을 $x-$ 축 상에 위치시킨다.

④ 포스링이 중심에 위치한 평형 상태의 각각 추와 추걸이의 질량과 각위치를 표시한다.

⑤ 과정 ③ ~ ④ 를 반복한다.

⑥ 측정 결과를 계의 평형 조건과 비교하여 분석한다.

예비보고서

1-5 힘의 평형과 벡터 합성

<table>
<tr><td>실험일시</td><td></td><td>학 과</td><td></td><td>담당교수</td><td></td></tr>
<tr><td rowspan="2">제출자</td><td>학 번</td><td>이 름</td><td>실 험 조</td><td colspan="2">공동실험자</td></tr>
<tr><td></td><td></td><td></td><td colspan="2"></td></tr>
</table>

1. 이론 요약 (측정값과 결과값을 중심으로)

2. 실험 방법 (실제 실험 중심으로 요약)

결과보고서

1-5 힘의 평형과 벡터 합성

1. 실험 측정값

1) 실험 측정값 기록

횟수	θ_1 [°]	m_1 [g]	θ_2 [°]	m_2 [g]	θ_3 [°]	m_3 [g]
1						
2						
3						
4						
5						
6						
7						
8						
9						
10						

2) F_1이 $x-$축 상에 위치한 결과값

횟수	$F_1[N]$	$F_2[N]$	$F_3[N]$	$\alpha[^\circ]$	$\beta[^\circ]$
1					
2					
3					
4					
5					
6					
7					
8					
9					
10					

2. 평형 조건 확인

1) $x-$성분 평형 확인

횟수	$F_1[N]$	$F_{2x}=F_2\cos\alpha\,[N]$	$F_{3x}=F_3\cos\beta\,[N]$	$F_1+F_{2x}+F_{3x}$
1				
2				
3				
4				
5				
6				
7				
8				
9				
10				

2) $x-$성분의 힘은 병진평형조건($\sum_i \overrightarrow{F_{ix}} = 0$)을 만족하는가? 만약, 만족하지 않는다면 이유는 무엇인가?

3) $y-$성분 평형 확인

횟수	$F_{2y} = F_2 \sin\alpha\ [N]$	$F_{3y} = F_3 \sin\beta\ [N]$	$F_{2y} + F_{3y}$
1			
2			
3			
4			
5			
6			
7			
8			
9			
10			

4) $y-$성분의 힘은 병진평형조건($\sum_i \overrightarrow{F_{iy}} = 0$)을 만족하는가? 만약, 만족하지 않는다면 이유는 무엇인가?

3. 고찰 (이론값과 측정값의 오차와 원인을 중심으로)

1-6 뉴턴의 제2법칙

실험 목적

뉴턴의 제2법칙인 '$\sum \vec{F} = m\vec{a}$'를 확인한다.

일정한 힘이 가해질 때 관성 질량과 가속도의 관계, 관성 질량과 힘의 관계를 살펴본다.

1. 배경 이론

물체에 작용하는 알짜힘이 0이 아니면 그 물체는 다음과 같은 가속도 운동을 한다.

$$F = \sum_i \vec{F_i} = m\vec{a}$$

이 때 물체의 가속도는 가해진 힘에 비례하고 질량에 반비례한다. 이러한 관계를 뉴턴의 제2법칙이라 부른다. 또한 두 물체가 상호작용할 경우, 두 물체에 작용하는 두 힘의 크기는 같고 방향은 서로 반대이다. 이 현상을 작용과 반작용의 법칙 또는 뉴턴의 제3법칙이라 한다. 앞서 1-3에서 실험한 바와 같이 외부의 힘이 물체에 가해지면 물체는 힘의 크기에 따라 가속도가 발생하고, 속도와 위치가 변하므로 이를 이용하여 물체의 운동을 묘사할 수 있다. 실제 우리 주변에서 운동하는 물체는 복잡한 3차원 운동을 보이고 있지만, 이 실험에서는 물체의 1차원 운동으로 실험해 보고자 한다. 물체의 1차원 운동에서 마찰이 없는 경우로 가정하여 시험하고자 한다.

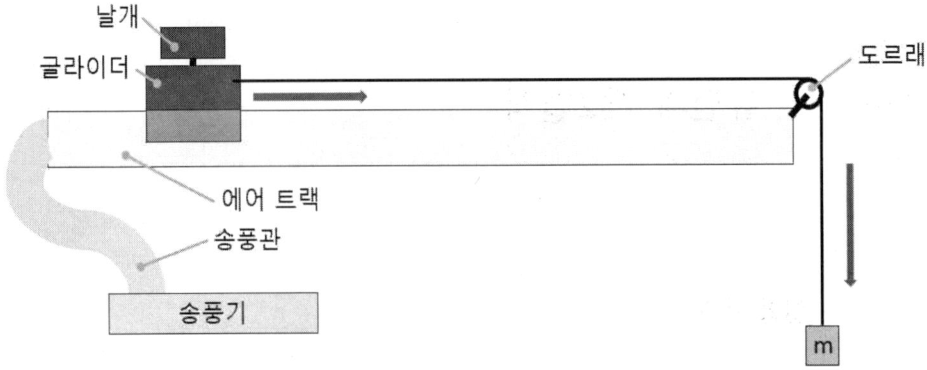

[그림 1-15] 중력에 의한 1차원 운동 장치

[그림 1-15]와 같이 에어트랙 위에 있는 글라이더에 추를 연결하여 운동시키는 경우를 생각해보자. 추와 글라이더는 도르래를 통해 연결된다. 이상적인 고정 도르래의 경우 힘의 크기에는 영향을 미치지 않으며 힘의 방향을 바꿔준다. 에어 펌프로 공기를 주입한 경우 질량 M의 글라이더에는 공기저항에 의한 마찰력 이외의 힘은 작용하지 않는다. 또한 자유 낙하하는 질량 m의 추(와 추걸이)는 중력과 공기저항 이외의 다른 힘은 작용하지 않는다. 공기저항은 무시하기로 한다. 추가 자유낙하 하는 동안 추와 글라이더에 추에 의한 중력이 작용하여 추와 글라이더가 함께 가속도 운동을 하게 될 것이다. 이 때 물체는 일정한 힘(중력)에 의한 등가속도 운동을 한다. 다시 말해 뉴턴의 제2법칙에서 추에 가해지는 힘($F=mg$)에 의해 추와 글라이더가 함께 운동하는 경우 운동방정식은 아래와 같다. 여기서 중력가속도 $g=9.8m/s^2$ 이다.

$$F=mg=(M+m)a$$

2. 실험 기구 및 재료

포토 게이트 타이머 시스템(포토 타이머 1개, 포토 게이트 2개, 연결선 2개), 스탠드 2개, 클램프 2개, 에어 트랙, 글라이더, 추와 추걸이 세트, 실, 버니어 캘리퍼스, 줄자

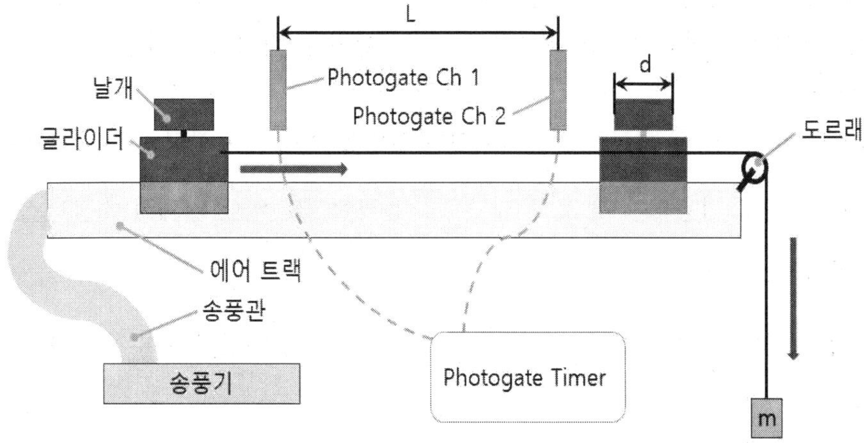

[그림 1-16] 뉴턴의 제2법칙 실험 장치

3. 실험 방법

① 글라이더(날개 포함)의 질량 M_1과 추(추걸이 포함)의 질량 m_1을 측정한다.

② [그림 1-16]과 같이 실험 장치를 설치한다. (글라이더의 날개가 처음으로 지나가는 포토 게이트가 포토 게이트 타이머의 채널 1에 연결되어 있어야 한다.) 실의 길이는 글라이더가 두번째 포토 게이트를 지나간 이후에 추가 바닥에 닿도록 조절한다.

③ 글라이더의 날개가 포토 게이트를 지나가도록 포토 게이트의 위치를 조절한다.

④ 포토 게이트 날개의 폭($d = dx$)을 측정한다.

⑤ 두 개의 포토 게이트 사이의 거리 ($L = \Delta x$)을 측정한다.

⑥ 포토 게이트 타이머의 모드를 'Gate mode'를 눌러 설정한다.

⑦ 글라이더가 움직이지 않도록 잡고 있다가 손을 놓아 추와 글라이더가 운동하도록 한다.

⑧ 포토 게이트 타이머에 기록된, 글라이더의 날개가 포토 게이트를 지나간 시간 ($dt_1 - Ch1$, $dt_2 = Ch2$)을 기록한다.

⑨ 과정 ⑦ ~ ⑧을 5회 이상 반복한다.

⑩ 글라이더의 질량 M_1을 고정하고, 추의 질량을 변경하여 과정 ⑦ ~ ⑨를 반복한다.

⑪ 추의 질량 m_1을 고정하고 글라이더의 질량을 변경하여 과정 ⑦ ~ ⑨를 반복한다.

⑫ $v = \frac{dx}{dt}$ 를 이용하여 각 포토 게이트를 통과한 글라이더 날개의 순간 속도를 계산한다.

⑬ 과정 ⑫에서 얻은 순간 속도를 $a = \frac{v_f^2 - v_i^2}{2(x_f - x_i)}$ 에 대입하여 순간 가속도를 계산한다.

⑭ 실험을 통해 얻은 결과를 통하여 추와 글라이더의 질량과 가속도, 추에 가해지는 중력 사이에 어떠한 관계가 있는지 확인한다.

예비보고서

1-6 뉴턴의 제2법칙

<table>
<tr><td>실험일시</td><td></td><td>학 과</td><td></td><td>담당교수</td><td></td></tr>
<tr><td rowspan="2">제출자</td><td>학 번</td><td>이 름</td><td>실 험 조</td><td colspan="2">공동실험자</td></tr>
<tr><td></td><td></td><td></td><td colspan="2"></td></tr>
</table>

1. 이론 요약 (측정값과 결과값을 중심으로)

2. 실험 방법 (실제 실험 중심으로 요약)

결과보고서

1-6 뉴턴의 제2법칙

1. 실험 측정값 기록

1) 추 질량의 변화에 대한 등가속도 운동

글라이더 날개의 폭 d : cm, 포토 게이트 사이의 거리 L : cm

글라이더+날개 질량 M_1 : g, 추+추걸이 질량 m_1 : g

횟수	통과 시간 1 dt_1 [sec]	통과 시간 2 dt_2 [sec]	순간 속도 1 $v_1 = \frac{d}{dt_1}$ $[cm/s]$	순간 속도 2 $v_2 = \frac{d}{dt_2}$ $[cm/s]$	순간 가속도 $a = \frac{v_2^2 - v_1^2}{2(L)}$ [cm/s^2]
1					
2					
3					
4					
5					
평균					

글라이더+날개 질량 M_1 : g, 추+추걸이 질량 m_2 : g

횟수	통과 시간 1 dt_1 [sec]	통과 시간 2 dt_2 [sec]	순간 속도 1 $v_1 = \frac{d}{dt_1}$ $[cm/s]$	순간 속도 2 $v_2 = \frac{d}{dt_2}$ $[cm/s]$	순간 가속도 $a = \frac{v_2^2 - v_1^2}{2(L)}$ [cm/s^2]
1					
2					
3					
4					
5					
평균					

글라이더+날개 질량 M_1 : g, 추+추걸이 질량 m_3 : g

횟수	통과 시간 1 dt_1 [sec]	통과 시간 2 dt_2 [sec]	순간 속도 1 $v_1 = \frac{d}{dt_1}$ $[cm/s]$	순간 속도 2 $v_2 = \frac{d}{dt_2}$ $[cm/s]$	순간 가속도 $a = \frac{v_2^2 - v_1^2}{2(L)}$ [cm/s^2]
1					
2					
3					
4					
5					
평균					

2) 글라이더 질량의 변화에 대한 등가속도 운동

글라이더 날개의 폭 d : cm, 포토 게이트 사이의 거리 L : cm

글라이더+날개 질량 M_1 : g, 추+추걸이 질량 m_1 : g

횟수	통과 시간 1 dt_1 [sec]	통과 시간 2 dt_2 [sec]	순간 속도 1 $v_1 = \frac{d}{dt_1}$ [cm/s]	순간 속도 2 $v_2 = \frac{d}{dt_2}$ [cm/s]	순간 가속도 $a = \frac{v_2^2 - v_1^2}{2(L)}$ [cm/s^2]
1					
2					
3					
4					
5					
평균					

글라이더+날개 질량 M_2 : g, 추+추걸이 질량 m_1 : g

횟수	통과 시간 1 dt_1 [sec]	통과 시간 2 dt_2 [sec]	순간 속도 1 $v_1 = \frac{d}{dt_1}$ [cm/s]	순간 속도 2 $v_2 = \frac{d}{dt_2}$ [cm/s]	순간 가속도 $a = \frac{v_2^2 - v_1^2}{2(L)}$ [cm/ε^2]
1					
2					
3					
4					
5					
평균					

글라이더+ 날개 질량 M_3 :   g, 추+ 추걸이 질량 m_1 :   g

횟수	통과 시간 1 dt_1 [sec]	통과 시간 2 dt_2 [sec]	순간 속도 1 $v_1 = \frac{d}{dt_1}$ $[cm/s]$	순간 속도 2 $v_2 = \frac{d}{dt_2}$ $[cm/s]$	순간 가속도 $a = \frac{v_2^2 - v_1^2}{2(L)}$ [cm/s^2]
1					
2					
3					
4					
5					
평균					

2. 힘(중력)과 질량, 가속도의 관계 확인

1) 추 질량의 변화

	글라이더 1의 질량 M_1[kg]	추와 추걸이의 질량 [kg]	측정한 가속도 a [m/s^2]	F(이론값) [N] $F=mg$	F(측정값) [N] $F=(M+m)a$	오차 [%] $\frac{\lvert F_{이론값}-F_{측정값}\rvert}{F_{이론값}}\times 100\%$
추1 (m_1)						
추2 (m_2)						
추3 (m_3)						

2) 글라이더 질량의 변화

	글라이더와 날개의 질량 [kg]	추와 추걸이의 질량 m_1 [kg]	측정한 가속도 a [m/s^2]	F(이론값) [N] $F=mg$	F(측정값) [N] $F=(M+m)a$	오차 [%] $\frac{\lvert F_{이론값}-F_{측정값}\rvert}{F_{이론값}}\times 100\%$
글라이더 1 (M_1)						
글라이더 2 (M_2)						
글라이더 3 (M_3)						

3) 실험을 통해 얻은 결과를 통하여 추와 글라이더의 질량과 가속도, 추에 가해지는 중력 사이에 어떠한 관계가 있는지 설명하라.

3. 고찰 (이론값과 측정값의 오차와 원인을 중심으로)

1-7 단진자의 역학적 에너지 보존

실험 목적

단진자를 이용하여 중력장 속에서 운동하는 물체의 위치 에너지와 운동 에너지의 변화 및 역학적 에너지의 보존을 확인한다.

1. 배경 이론

물체가 힘을 받으면 그 힘에 비례하는 가속도 운동을 하게 되는데, 이 때 이 힘이 한 일은 물체의 운동 에너지의 변화와 같다. 이것을 일-에너지 정리라 한다. 비보존력이 작용하지 않는 보존력장에서 운동 에너지와 위치 에너지를 합한 총 에너지는 보존된다.

$$\text{위치 에너지} + \text{운동 에너지} = E\,(\text{일정})$$

$$mgh + \frac{1}{2}mv^2 = E$$

[그림 1-17]과 같이 진자의 길이가 L, 진자의 질량이 m인 경우, 중력에 의해 역학적 에너지가 평형 상태인 최저점으로 돌아가려는 복원력이 다음과 같이 기술되며 뉴턴 제2법칙에 의해 운동한다.

$$F_{\text{복원}} = -mg\sin\theta = ma \qquad \text{식(1-14)}$$

진자의 초기각 θ_0에서 진자의 최저점에 대한 높이의 변화량이 최고점인 h_0 일 때, 진자의 위치 에너지는 최대가 되며 다음과 같이 기술된다.

$$PE_{\max} = mgh_0 = mg(L - L\cos\theta_0) \qquad \text{식(1-15)}$$

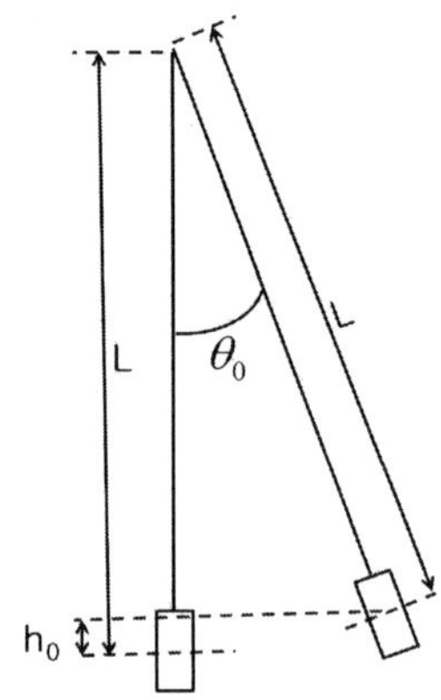

[그림 1-17] 단진자의 운동

진자의 역학적 평형 상태인 최저점에서 최고 속도 $v_{\max}$에 도달하므로 진자의 최대 운동 에너지는 다음과 같다.

$$KE_{\max} = \frac{1}{2}mv_{\max}^2 \qquad \text{식(1-16)}$$

에너지보존법칙에 의해 최고점과 최저점의 에너지는 보존되며, 다음과 같이 기술된다.

$$PE_{\max} = mgh_0 = \frac{1}{2}mv_{\max}^2 = KE_{\max}$$

2. 실험 기구 및 재료

포토 게이트 타이머 시스템(포토 타이머 1개, 포토 게이트 1개, 연결선 1개), 단진자용 스탠드 1개, 단진자용 추 2개, 2-D 각도기, 실, 버니어 캘리퍼스 ,줄자, 질량저울

3. 실험 방법

① [그림 1-18]와 같이 실험 장치를 설치한다(진자를 가만히 늘어트린 상태 ($\sum F=0$)에서 포토 게이트의 발광 다이오드와 광센서 사이에 추의 질량 중심에 오도록 위치한다).

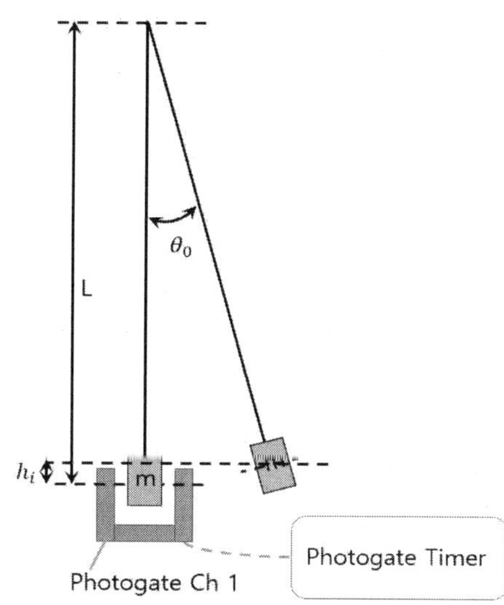

[그림 1-18] 단진자의 역학적 에너지 보존 실험 설치 방법

② 진자의 지름 d_1과 진자의 질량 m_1을 측정한다.

③ 진자의 길이 L_1과 바닥에서부터 진자의 중심까지의 높이 h_0를 측정한다.

④ 포토 게이트 타이머의 모드를 'Gate mode'를 눌러 설정한다.

⑤ 실이 팽팽한 상태를 유지하며 진자를 초기각 $\theta_1 = 5^\circ$ 까지 들어올린다. 추를 올린 상태에서 바닥에서 추의 중심까지의 거리 y_1을 측정한다. h_1을 기록한다.

$$h_1 = y_1 - h_0$$

⑥ 포토 게이트 타이머를 reset한 후 진자를 놓아 운동하게 한다.

⑦ 포토 게이트 타이머에 기록된, 진자가 포토 게이트를 지나간 시간($dt - Ch1$)을 기록한다.

⑧ 과정 ⑥ ~ ⑦ 을 3회 반복하여 평균값을 계산한다.

⑨ 최저점 속도를 진자의 지름을 이용하여 구한다.

$$v_{\max} = \frac{\text{진자의 지름}}{\text{측정 시간}} = \frac{d}{dt}$$

⑩ 진자의 초기 높이인 최고점에 대한 최대 위치 에너지 값을 이론값으로 하여 최대 운동 에너지 값과 비교한다.

⑪ 진자의 초기 높이를 $h_2(\theta_2 = 10^\circ)$, $h_3(\theta_3 = 15^\circ)$, $h_4(\theta_{4=}30^\circ)$ 로 바꾸어 과정 ⑤ ~ ⑩을 반복한다.

⑫ 진자의 질량을 바꿔(m_2), 진자의 길이 L_1, 진자의 초기 높이 h_1에서 과정 ⑤ ~ ⑩을 실행한다.

⑬ 진자의 길이를 바꿔(L_2), 진자의 질량 m_1, 진자의 초기 높이 h_1에서 과정 ⑤ ~ ⑩을 실행한다.

예비보고서

1-7 단진자의 역학적 에너지 보존

<table>
<tr><td>실험일시</td><td></td><td>학 과</td><td></td><td>담당교수</td><td></td></tr>
<tr><td rowspan="2">제출자</td><td>학 번</td><td>이 름</td><td>실 험 조</td><td colspan="2">공동실험자</td></tr>
<tr><td></td><td></td><td></td><td colspan="2"></td></tr>
</table>

1. 이론 요약 (측정값과 결과값을 중심으로)

2. 실험 방법 (실제 실험 중심으로 요약)

결과보고서

1-7 단진자의 역학적 에너지 보존

1. 초기 높이 변화

1) 실험 측정값 기록

진자의 길이 L_1 : m, 진자의 질량 m_1 : kg

진자의 지름 d : mm = m

통과시간 dt[s]	$h_1(\theta_1 =$ °) cm	$h_2(\theta_2 =$ °) cm	$h_3(\theta_3 =$ °) cm	$h_4(\theta_4 =$ °) cm
1				
2				
3				
평균				

2) 역학적 에너지 보존

	h_1	h_2	h_3	h_4
최저점에서의 속도 v_{max} $[m/s]$				
최저점에서의 운동 에너지 KE_{max} $[J]$				
최고점에서의 위치 에너지 PE_{max} $[J]$				
오차 [%]				

최저점에서의 속도 $v_{\max} = \dfrac{\text{진자의 지름}}{\text{통과 시간}} = \dfrac{d}{dt}$

최저점에서의 운동 에너지 $KE_{\max} = \dfrac{1}{2}m_1 v_{\max}^2$

최고점에서의 위치 에너지 $PE_{\max} = m_1 g h_i$

오차 $= \dfrac{|PE_{\max} - KE_{\max}|}{PE_{\max}} \times 100\%$

2. 질량의 변화

1) 실험 측정값 기록

진자의 길이 L_1 : m, 초기 높이 h_1 : cm

통과시간 dt [s]	m_1 (kg) 진자의 지름 d_1(mm)	m_2 (kg) 진자의 지름 d_2(mm)
1		
2		
3		
평균		

2) 역학적 에너지 보존

	m_1	m_2
최저점에서의 속도 $v_{\max}$ [m/s]		
최저점에서의 운동 에너지 $KE_{\max}$ [J]		
최고점에서의 위치 에너지 $PE_{\max}$ [J]		
오차 [%]		

최저점에서의 속도 $v_{\max} = \dfrac{\text{진자의 지름}}{\text{통과 시간}} = \dfrac{d}{dt}$

최저점에서의 운동 에너지 $KE_{\max} = \dfrac{1}{2}mv_{\max}^2$

최고점에서의 위치 에너지 $PE_{\max} = mgh_i$

오차 $= \dfrac{|PE_{\max} - KE_{\max}|}{PE_{\max}} \times 100\%$

3. 진자의 길이 변화

1) 실험 측정값 기록

진자의 질량 m_1 : kg, 초기 높이 h_1 : cm

진자의 지름 d : mm= m

통과시간 dt [s]	L_1(m)	L_2(m)
1		
2		
3		
평균		

2) 역학적 에너지 보존

	L_1	L_2
최저점에서의 속도 $v_{\max}$ $[m/s]$		
최저점에서의 운동 에너지 $KE_{\max}$ $[J]$		
최고점에서의 위치 에너지 $PE_{\max}$ $[J]$		
오차 [%]		

최저점에서의 속도 $v_{\max} = \dfrac{\text{진자의 지름}}{\text{통과 시간}} = \dfrac{d}{dt}$

최저점에서의 운동 에너지 $KE_{\max} = \dfrac{1}{2} m v_{\max}^2$

최고점에서의 위치 에너지 $PE_{\max} = mgh_i$

오차 $= \dfrac{|PE_{\max} - KE_{\max}|}{PE_{\max}} \times 100\%$

4. 고찰 (이론값과 측정값의 오차와 원인을 중심으로)

진자의 초기 높이, 질량, 길이의 변화와 역학적 에너지의 보존에 관하여 설명하라.

1-8 선운동량의 보존 법칙

실험 목적

마찰이 없을 때, 1차원의 다양한 충돌 사건 중 탄성 충돌과 비탄성 충돌의 조건에서 운동량 보존 법칙을 확인한다.

1. 배경 이론

외력이 작용하지 않는 고립계의 경우 가해지는 힘이 없기 때문에 운동량이 보존된다.

$$F = ma = \frac{d(mv)}{dt} = \frac{dp}{dt} = 0 \Leftrightarrow \Delta p = 0 \qquad \text{식}(1-17)$$

1) 탄성 충돌

[그림 1-19]와 같이 고립계에서의 1차원 운동을 하는 두 물체가 탄성 충돌을 하는 경우, 운동량과 역학적 에너지는 보존되므로 이를 이용하면 충돌 후의 두 물체의 정보를 예측할 수 있다.

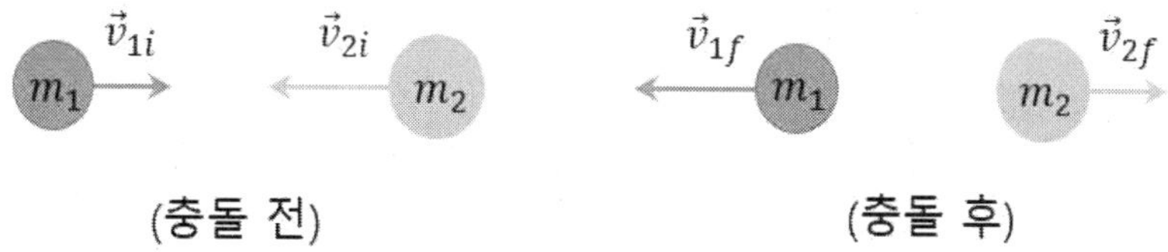

[그림 1-19] 고립계에서 두 물체의 탄성 충돌

운동량 보존 법칙에 따라 두 물체의 충돌 전 운동량과 충돌 후 운동량은 같다.

$$\sum p_i = p_{1i} + p_{2i} = m_1 v_{1i} + m_2 v_{2i} \ , \ \sum p_f = p_{1f} + p_{2f} = m_1 v_{1f} + m_2 v_{2f}$$

$$\Delta p = \sum p_f - \sum p_i = 0 \ \rightarrow \ m_1 v_{1i} + m_2 v_{2i} = m_1 v_{1f} + m_2 v_{2f} \qquad \text{식(1-18)}$$

에너지 보존 법칙에 따라 두 물체의 충돌 전과 후의 에너지는 같다.

$$\frac{1}{2} m_1 v_{1i}^2 + \frac{1}{2} m_2 v_{2i}^2 = \frac{1}{2} m_1 v_{1f}^2 + \frac{1}{2} m_2 v_{2f}^2 \qquad \text{식(1-19)}$$

2) 완전 비탄성 충돌

[그림 1-20]과 같이 1차원 고립계에서 운동하는 두 물체가 충돌 후 서로 붙어서 움직이는 완전 비탄성 충돌을 생각해보자. 이 경우 두 물체의 충돌 전, 후 운동량은 보존되지만, 역학적 에너지는 보존되지 않는다.

운동량 보존 법칙에 따라 두 물체의 충돌 전과 충돌 후 운동량은 같으므로 다음과 같이 기술할 수 있다.

$$m_1 v_{1i} + m_2 v_{2i} = (m_1 + m_2) v_f \ \rightarrow \ v_f = \frac{(m_1 v_{1i} + m_2 v_{2i})}{(m_1 + m_2)} \qquad \text{식(1-20)}$$

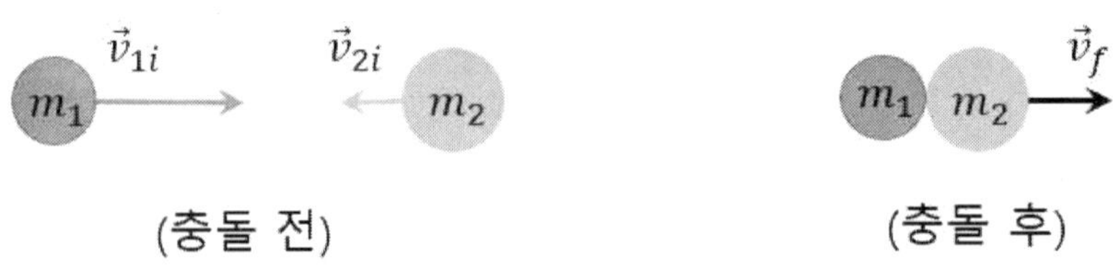

[그림 1-20] 고립계에서 두 물체의 완전 비탄성 충돌

2. 실험 기구 및 재료

포토 게이트 타이머 시스템(포토 타이머 1개, 포토 게이트 2개, 연결선 2개), 스탠드 2개, 클램프 2개, 글라이더 반발대, 에어 트랙, 글라이더 2개, 날개 2개, 벨크로 테이프, 버니어 캘리퍼스

3. 실험 방법

[그림 1-21]과 같이 에어트랙을 활용하여 마찰력이 없는 고립계의 1차원 운동이 실행되도록 실험 장치를 설치하여 여러 가지 충돌의 형태에 대한 운동량 보존 법칙을 살펴보자.

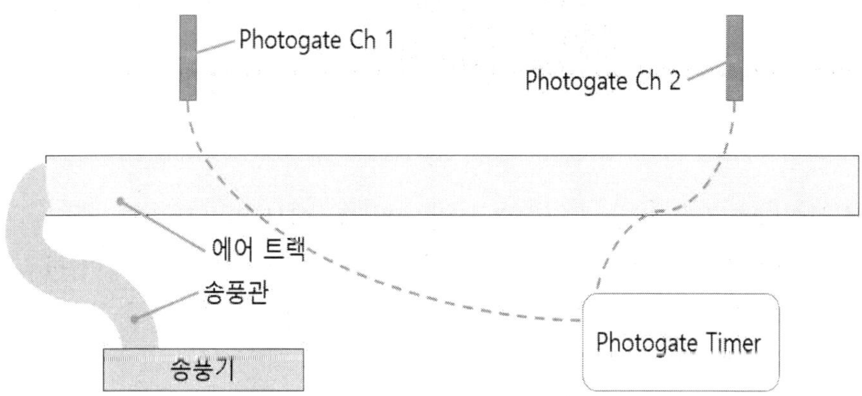

[그림 1-21] 고립계 1차원 운동 장치

첫번째로 정지한 두 물체가 폭발에 의해 분리되어 운동량을 갖는 경우, 폭발 전, 후의 운동량을 비교한다.

두번째로 한 물체가 벽과 탄성 충돌 할 경우와 물체가 정지해 있는 물체와 탄성 충돌할 경우, 물체의 충돌 전, 후의 운동량의 변화를 비교한다.

세번째로 움직이는 물체가 정지해 있는 물체와 완전 비탄성 충돌할 경우, 충돌 전과 후의 운동량을 비교한다.

1) 폭발에 의한 운동량 보존

① 포토 게이트 날개의 폭과 질량을 각각 측정하여 기록한다.

② 포토 게이트 타이머의 모드를 'Gate mode'를 눌러 설정한다.

③ [그림 1-22]와 같이 글라이더에 고무줄이 있는 반발대를 설치하고 2개의 포토 게이트 사이에 위치한다. 두 개의 글라이더를 살짝 눌러 반발대의 고무줄을 통해 서로 힘을 가한다.

④ 글라이더를 고정했던 손을 놓아 운동하게 하고, 각각의 포토 게이트를 통과한 글라이더 날개의 통과 시간을 기록한다. 채널 1의 포토 게이트를 먼저 통과해야 기록이 되므로 글라이더의 위치에 주의한다.

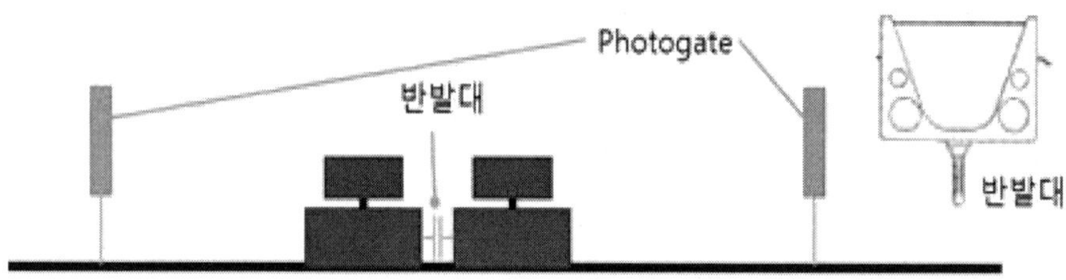

[그림 1-22]

⑤ 글라이더에 같은 힘을 가하도록 주의하며 5회 이상 반복한다.

⑥ 각 글라이더의 속도를 계산하여 폭발 전, 후의 운동량을 비교한다. 이 경우 운동량 보존 법칙에 의한 두 물체의 폭발 전, 후의 운동량은 다음과 같이 기술할 수 있다.

$$\sum p_i = 0 = m_1 v_{1f} + m_2 v_{2f} = \sum p_f$$

⑦ 폭발 전, 후의 운동 에너지를 비교한다. 이 경우 운동 에너지 보존 법칙에 의한 두 물체의 폭발 전, 후의 운동 에너지는 다음과 같이 기술할 수 있다.

$$\sum KE_i = 0 = \frac{1}{2} m_1 v_{1f}^2 + \frac{1}{2} m_2 v_{2f}^2 = \sum KE_f$$

2) 탄성 충돌에 의한 운동량 보존

(1) 벽과의 탄성 충돌

① [그림 1-23]과 같이 에어트랙의 끝에 end-stop을 고정하고 반발대를 부착한 글라이더와 포토 게이트를 설치한다.

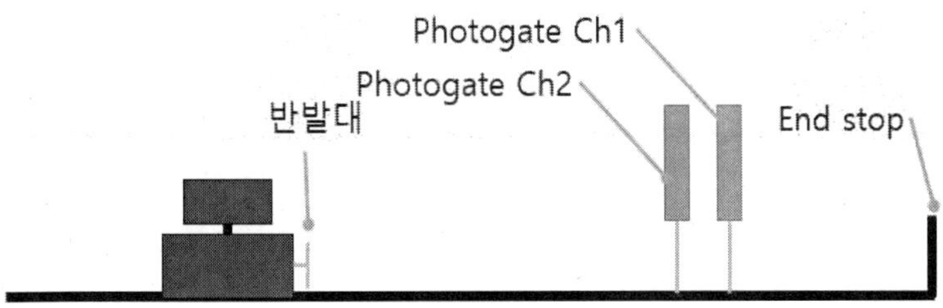

[그림 1-23]

② 글라이더 날개의 폭과 질량을 각각 측정하여 기록한다.

③ 포토 게이트 타이머의 모드를 'Gate mode'를 눌러 설정한다.

④ 글라이더를 살짝 밀어 end-stop과 부딪혀 되돌아오게 한다.

⑤ 채널 1의 포토 게이트 통과 시간(충돌 전)과 채널 2의 포토 게이트 통과 시간(충돌 후)을 각각 기록한다.

⑥ 글라이더에 같은 힘을 가하도록 주의하며 5회 이상 반복한다.

⑦ 각 글라이더의 속도를 계산하여 충돌 전, 후의 운동량을 비교한다. 이 경우 운동량 보존 법칙에 의한 물체의 충돌 전, 후의 운동량은 다음과 같이 기술할 수 있다.

$$p_i = mv_i = mv_f = p_f$$

⑧ 충돌 전, 후의 운동 에너지를 비교한다. 이 경우 운동 에너지 보존 법칙에 의한 물체의 충돌 전, 후의 운동 에너지는 다음과 같이 기술할 수 있다.

$$KE_i = \frac{1}{2}mv_i^2 = \frac{1}{2}mv_f^2 = KE_f$$

(2) 두 물체의 탄성 충돌

① 반발대를 부착한 글라이더를 에어트랙 위에 [그림 1-24]와 같이 위치한다.

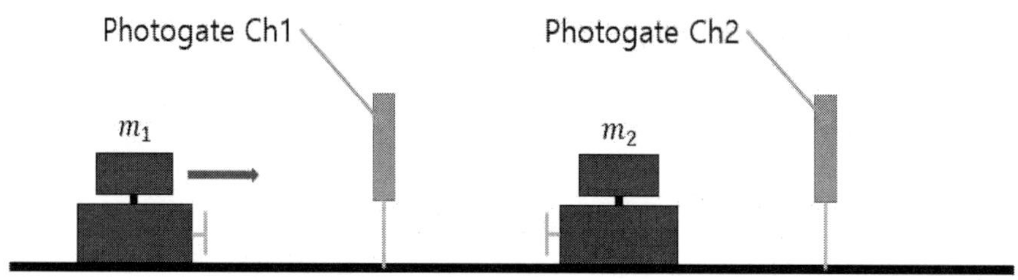

[그림 1-24]

② 글라이더 날개의 폭과 질량을 각각 측정하여 기록한다.

③ 포토 게이트 타이머의 모드를 'Gate mode'를 눌러 설정한다.

④ 첫번째 글라이더(m_1)를 살짝 밀어 멈춰 있는 두번째 슬라이더(m_2)와 충돌하게 한다. 충돌 후 첫번째 글라이더가 멈추도록 힘을 조절한다.

⑤ 채널 1의 포토 게이트 통과 시간(충돌 전)과 채널 2의 포토 게이트 통과 시간(충돌 후)을 각각 기록한다.

⑥ 글라이더에 같은 힘을 가하도록 주의하며 5회 이상 반복한다.

⑦ 각 글라이더의 속도를 계산하여 충돌 전, 후의 운동량을 비교한다. 이 경우 운동량 보존 법칙에 의한 물체의 충돌 전, 후의 운동량은 다음과 같이 기술할 수 있다.

$$\sum p_i = m_1 v_{1i} = m_2 v_{2f} = \sum p_f$$

⑧ 충돌 전, 후의 운동 에너지를 비교한다. 이 경우 운동 에너지 보존 법칙에 의한 두 물체의 충돌 전, 후의 운동 에너지는 다음과 같이 기술할 수 있다.

$$\sum KE_i = \frac{1}{2} m_1 v_{1i}^2 = \frac{1}{2} m_2 v_{2f}^2 = \sum KE_f$$

3) 완전 비탄성 충돌에 의한 운동량 보존

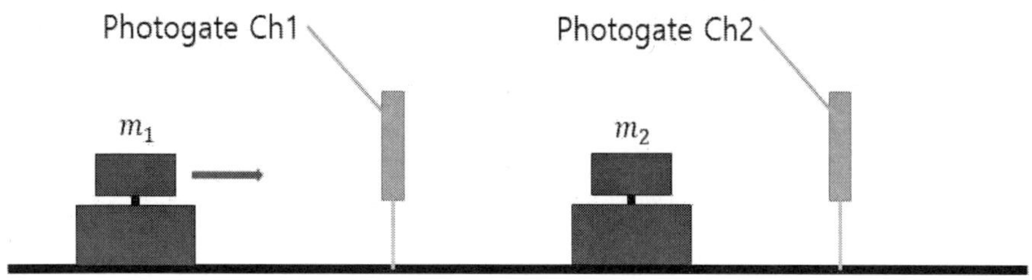

[그림 1-25]

① 글라이더의 충돌 면에 벨크로 테이프를 붙여 [그림 1-25]와 같이 설치한다.
② 글라이더 날개의 폭과 질량을 각각 측정하여 기록한다.
③ 포토 게이트 타이머의 모드를 'Gate mode'를 눌러 설정한다.
④ 첫번째 글라이더(m_1)를 살짝 밀어 멈춰 있는 두번째 슬라이더(m_2)와 충돌하게 한다. 충돌 후 두개의 글라이더가 포토 게이트를 통과하도록 속도를 조절한다.
⑤ 채널 1의 포토 게이트 통과 시간(충돌 전)과 채널 2의 포토 게이트 통과 시간(충돌 후)을 각각 기록한다.
⑥ 글라이더에 같은 힘을 가하도록 주의하며 5회 이상 반복한다.
⑦ 각 글라이더의 속도를 계산하여 충돌 전, 후의 운동량을 비교한다. 이 경우 운동량 보존 법칙에 의한 물체의 충돌 전, 후의 운동량은 다음과 같이 기술할 수 있다.

$$\sum p_i = m_1 v_{1f} = (m_1 + m_2) v_f = \sum p_f$$

⑧ 충돌 전, 후의 운동 에너지를 비교한다. 이 경우 운동 에너지 보존 법칙에 의한 두 물체의 충돌 전, 후의 운동 에너지는 다음과 같이 기술할 수 있다.

$$\sum KE_i = \frac{1}{2} m_1 v_{1i}^2 + \frac{1}{2} m_2 v_{2i}^2, \ \sum KE_f = \frac{1}{2}(m_1 + m_2) v_f^2$$

예비보고서

1-8 선운동량 보존 법칙

<table>
<tr><td>실험일시</td><td></td><td>학 과</td><td></td><td>담당교수</td><td></td></tr>
<tr><td rowspan="2">제출자</td><td>학 번</td><td>이 름</td><td>실 험 조</td><td colspan="2">공동실험자</td></tr>
<tr><td></td><td></td><td></td><td colspan="2"></td></tr>
</table>

1. 이론 요약 (측정값과 결과값을 중심으로)

2. 실험 방법 (실제 실험 중심으로 요약)

결과보고서

1-8 선운동량 보존 법칙

1. 폭발에 의한 운동량 보존

1) 실험 측정값 기록

글라이더 1의 질량 m_1 : kg, 날개 폭 d_1 : cm

글라이더 2의 질량 m_2 : kg, 날개 폭 d_2 : cm

횟수	글라이더 1			글라이더 2		
	통과시간 $dt_1\ [s]$	속력 $v_{1f}\ [m/s]$	폭발 후 운동량 $p_{1f}=m_1v_{1f}\ [kg\cdot m/s]$	통과시간 $dt_2\ [s]$	속력 $v_{2f}\ [m/s]$	폭발 후 운동량 $p_{2f}=m_2v_{2f}\ [kg\cdot m/s]$
1						
2						
3						
4						
5						

2) 운동량 보존 확인

횟수	폭발 전 계의 운동량 $\sum p_i\ [kg\cdot m/s]$	폭발 후 계의 운동량 $\sum p_f=p_{1f}+p_{2f}\ [kg\cdot m/s]$	폭발 전 계의 에너지 $\sum KE_i$	폭발 후 계의 에너지 $\sum KE_f$
1				
2				
3				
4				
5				

3) 폭발 전과 후의 운동량은 보존되는가? 보존되지 않는다면 원인은 무엇인가?

4) 역학적 에너지는 보존되는가? 보존되지 않는다면 원인은 무엇인가?

2. 탄성 충돌에 의한 운동량 보존

1) 벽과의 탄성 충돌

(1) 실험 측정값 기록

글라이더 1의 질량 m_1 : kg, 날개 폭 d_1 : cm

횟수	포토 게이트 1			포토 게이트 2		
	통과시간 $dt_i\ [s]$	속력 $v_i\ [m/s]$	충돌 전 운동량 $p_i = mv_i\ [kg \cdot m/s]$	통과시간 $dt_f\ [s]$	속력 $v_f\ [m/s]$	충돌 후 운동량 $p_f = mv_f\ [kg \cdot m/s]$
1						
2						
3						
4						
5						

(2) 벽과 충돌 전과 후의 운동량은 보존되는가? 아래에 계산 과정을 작성하라.

(3) 보존되지 않는다면 원인은 무엇인가?

(4) 역학적 에너지는 보존되는가? 아래에 계산 과정을 작성하라.

2) 두 물체의 탄성 충돌

(1) 실험 측정값 기록

글라이더 1의 질량 m_1 : kg, 날개 폭 d_1 : cm

글라이더 2의 질량 m_1 : kg, 날개 폭 d_2 : cm

횟수	포토 게이트 1			포토 게이트 2		
	통과시간 $dt_{1i}\ [s]$	속력 $v_{1i}\ [m/s]$	충돌 전 운동량 $p_i = m_1 v_{1i}\ [kg \cdot m/s]$	통과시간 $dt_{2f}\ [s]$	속력 $v_{2f}\ [m/s]$	충돌 후 운동량 $p_f = m_2 v_{2f}\ [kg \cdot m/s]$
1						
2						
3						
4						
5						

(2) 두 물체의 충돌 전과 후의 운동량은 보존되는가? 아래에 계산 과정을 작성하라.

(3) 보존되지 않는다면 원인은 무엇인가?

(4) 역학적 에너지는 보존되는가? 아래에 계산 과정을 작성하라.

3. 완전 비탄성 충돌에 의한 운동량 보존

1) 실험 측정값 기록

글라이더 1의 질량 m_1 : kg, 날개 폭 d_1 : cm

글라이더 2의 질량 m_2 : kg, 날개 폭 d_1 : cm

횟수	포토 게이트 1			포토 게이트 2		
	통과시간 dt_{1i} $[s]$	속력 v_{1i} $[m/s]$	충돌 전 운동량 $p_i = m_1 v_{1i}$ $[kg \cdot m/s]$	통과시간 dt_f $[s]$	속력 v_f $[m/s]$	충돌 후 운동량 $p_f = (m_1 + m_2)v_f$ $[kg \cdot m/s]$
1						
2						
3						
4						
5						

2) 두 물체의 충돌 전과 후의 운동량은 보존되는가? 아래에 오차의 계산 과정을 작성하라.

3) 보존되지 않는다면 원인은 무엇인가?

4) 역학적 에너지는 보존되는가? 아래에 계산 과정을 작성하라.

4. 고찰 (이론값과 측정값의 오차와 원인을 중심으로)

1-9 단진자의 운동과 중력

실험 목적

단진자는 조화 진동 운동을 하는 역학계이다. 단진자의 주기를 측정함으로 진자의 길이와 추의 질량이 주기에 미치는 영향을 알아보고 중력 가속도의 값을 측정한다.

1. 배경 이론

진자의 운동은 자연계의 운동 질서의 단편으로 복원력의 개념과 두 가지 이상의 힘을 이해하는데 도움을 준다. 이에 단진자 운동 실험을 통해 주기 운동을 이해하고 주기와 힘에 따른 영향을 확인한다.

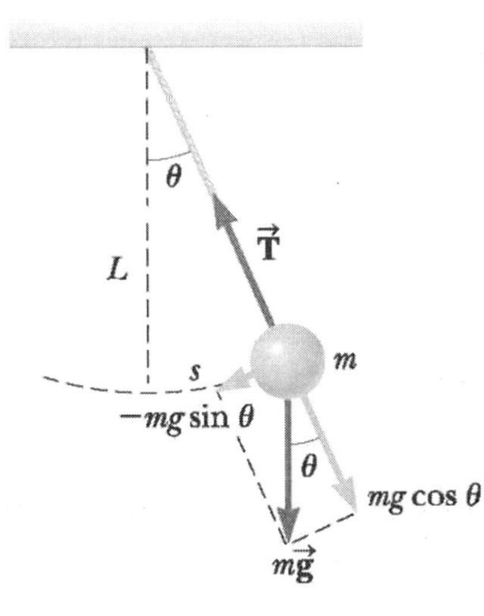

[그림 1-26] 단진자의 조화 진동 운동

단진자는 질량을 무시할 수 있는 실에 크기가 무시되는 질량 m인 추가 매달려 진동 운동을 하는 것을 의미한다. 회전축에서부터 추의 질량 중심까지의 거리, 즉 진자의 길이가 L 인 진자는 중력에 의해 평형 상태인 최저점으로 돌아가려는 복원력이 형성되어 뉴턴의 제2법칙에 의해 다음과 같이 운동한다([그림 1-26] 참조).

$$F_{복원} = -mg\sin\theta = ma = m\frac{d^2s}{dt^2} \qquad 식(1-21)$$

진자의 움직인 거리 s는 호의 원리에 따라 $s = L\theta$ 이고, 진폭이 작은 경우 ($\theta \ll 15^\circ$), $\sin\theta \approx \theta$ 라 할 수 있으므로, 진자의 운동 방정식은 다음과 같이 정리된다.

$$\frac{d^2\theta}{dt^2} + \frac{g}{L}\theta = 0 \qquad 식(1-22)$$

이 미분 방정식의 일반해는 $\theta(t) = A\cos\omega t + B\sin\omega t$ (여기서 $\omega = \sqrt{\frac{g}{L}}$)이다.

일반해에서 $t = 0$ 일 때 초기각은 θ_0 이며 $B = 0$ 이다.

그러므로 진자의 운동 방정식은 $\theta(t) = \theta_0\cos\omega t$ 이다.

진자의 각진동수 $\omega = 2\pi f = \frac{2\pi}{T} = \sqrt{\frac{g}{L}}$ 이므로, 진자의 주기는 다음과 같다.

$$T = 2\pi\sqrt{\frac{L}{g}} \qquad 식(1-23)$$

이 계산식에 의해 중력가속도는 다음과 같이 계산된다.

$$g = \frac{4\pi^2 L}{T^2} \qquad 식(1-24)$$

2. 실험 기구 및 재료

포토 게이트 타이머 시스템(포토 타이머 1개, 포토 게이트 1개, 연결선 1개), 단진자용 스탠드 1개, 단진자용 추 2개, 2-D 각도기, 실, 버니어 캘리퍼스 ,줄자, 질량저울

3. 실험 방법

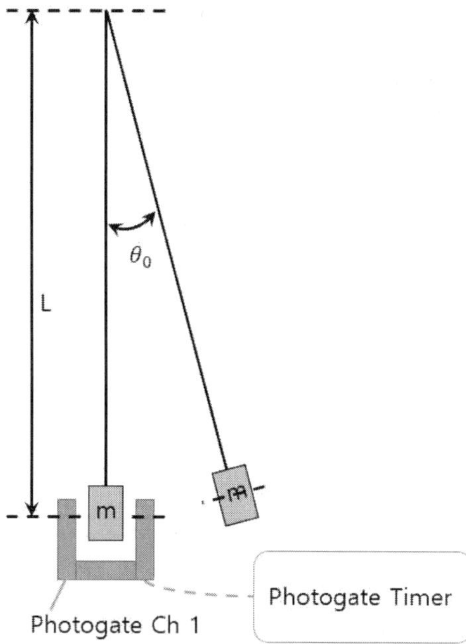

[그림 1-26] 단진자 실험 설치 방법

① 진자를 가만히 늘어트린 상태($\sum F=0$)에서 포토 게이트의 발광 다이오드와 광센서 사이에 추의 질량 중심에 오도록 포토 게이트와 진자를 [그림 1-26]과 같이 설치한다.

② 진자의 길이 L_1, 진자의 지름 d_1과 진자의 질량 m_1을 측정한다. (진자의 길이는 1m 이상을 추천한다.)

③ 포토 게이트 타이머의 모드를 'PEND mode'를 눌러 설정한다.

④ 실이 팽팽한 상태를 유지하며 진자를 초기각 $\theta_1 = 5^\circ$ 까지 들어올린다.

⑤ 포토 게이트 타이머를 reset한 후 진자를 놓아 진자의 주기를 측정하고 기록한다. 5회 이상 반복한다.

⑥ 진자의 초기각을 $\theta_2 = 10^\circ$, $\theta_3 = 15^\circ$, $\theta_4 = 30^\circ$ 로 바꿔가며 진자의 주기를 측정한다.

⑦ 진자의 초기각과 주기의 관계를 그래프로 나타낸다.

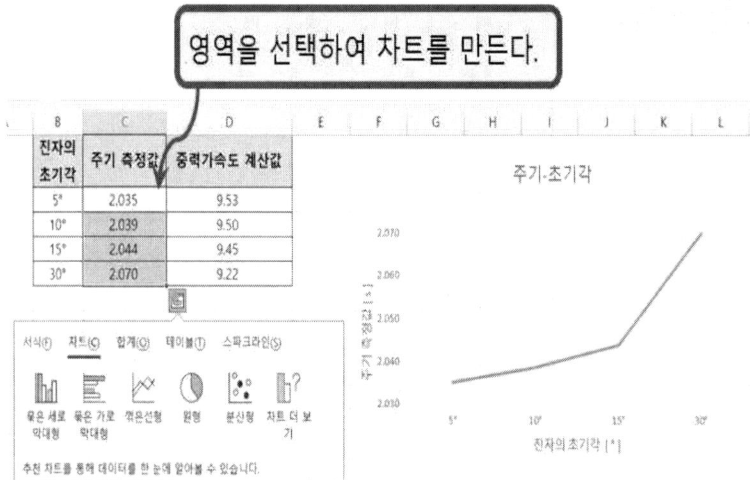

⑧ 진자의 질량을 바꿔 (m_2) 진자의 초기각 $\theta_1 = 5°$, 진자의 길이 L_1에서 진자의 주기를 측정한다.

⑨ 진자의 길이를 바꿔 (L_2) 진자의 질량 m_1, 진자의 초기각 $\theta_1 = 5°$ 에서 진자의 주기를 측정한다.

⑩ 측정한 주기를 이용하여 중력 가속도의 실험값을 식(1-24)에 대입하여 계산한다 (계산의 편리를 위해 엑셀 사용을 권장한다. 예시는 진자의 길이 1m, 진자의 질량 0.5kg일 때의 측정값이다).

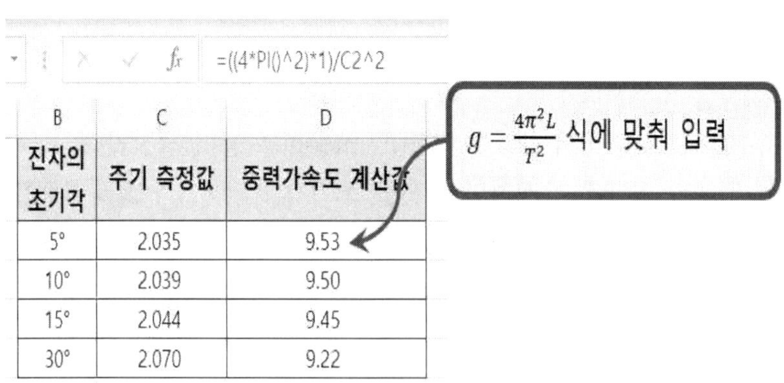

예비보고서

1-9 단진자의 운동과 중력

실험일시		학 과		담당교수	
제출자	학 번	이 름	실 험 조	공동실험자	

1. 이론 요약 (측정값과 결과값을 중심으로)

2. 실험 방법 (실제 실험 중심으로 요약)

결과보고서

1-9 단진자의 운동과 중력

1. 진자의 초기각 변화

1) 주기 측정값 기록

진자의 질량 m_1 : kg, 진자의 길이 L_1 : m

주기 T [s]	$\theta_1 = 5^\circ$	$\theta_2 = 10^\circ$	$\theta_3 = 15^\circ$	$\theta_4 = 30^\circ$
1				
2				
3				
4				
5				
주기 평균				
중력가속도 (측정값) $[m/s^2]$				
오차 [%]				

중력 가속도 $g = \dfrac{4\pi^2 L}{T^2}$, 오차 $= \dfrac{|g_{이론값} - g_{측정값}|}{g_{이론값}} \times 100\%$, $g_{이론값} = 9.8\,m/s^2$

2) 진자의 초기각과 주기의 관계 그래프를 첨부하시오.

3) 진자의 초기각과 주기, 중력 가속도는 각각 어떤 관계인지 설명하시오.

2. 진자의 질량 변화

1) 주기 측정값 기록

진자의 초기각 $\theta_1 = 5^\circ$, 진자의 길이 L_1 : m

주기 T [s]	m_1 (kg)	m_2 (kg)
1		
2		
3		
4		
5		
주기 평균		
중력가속도 (측정값) $[m/s^2]$		
오차 [%]		

중력 가속도 $g = \dfrac{4\pi^2 L}{T^2}$, 오차 $= \dfrac{|g_{이론값} - g_{측정값}|}{g_{이론값}} \times 100\%$, $g_{이론값} = 9.8m/s^2$

2) 진자의 질량과 주기, 중력 가속도는 어떤 관계인가?

3. 진자의 길이 변화

1) 주기 측정값 기록

진자의 초기각 $\theta_1 = 5°$, 진자의 질량 m_1 : kg

주기 T [s]	L_1 (kg)	L_2 (kg)
1		
2		
3		
4		
5		
주기 평균		
중력가속도 (측정값) $[m/s^2]$		
오차 [%]		

중력 가속도 $g = \frac{4\pi^2 L}{T^2}$, 오차 $= \frac{|g_{이론값} - g_{측정값}|}{g_{이론값}} \times 100\%$, $g_{이론값} = 9.8 m/s^2$

2) 진자의 길이와 주기, 중력 가속도는 어떤 관계인가?

4. 고찰 (이론값과 측정값의 오차와 원인을 중심으로)

Chapter

02 2학기 실험

2-1 전기전자 계측기 사용법

실험 목적

디지털 멀티미터, 함수파형 발생기, 오실로스코프 등의 전기전자 계측기의 사용법을 익힌다.

1. 배경 이론

1) 디지털 멀티미터(Digital Multimeter, DM-1010)

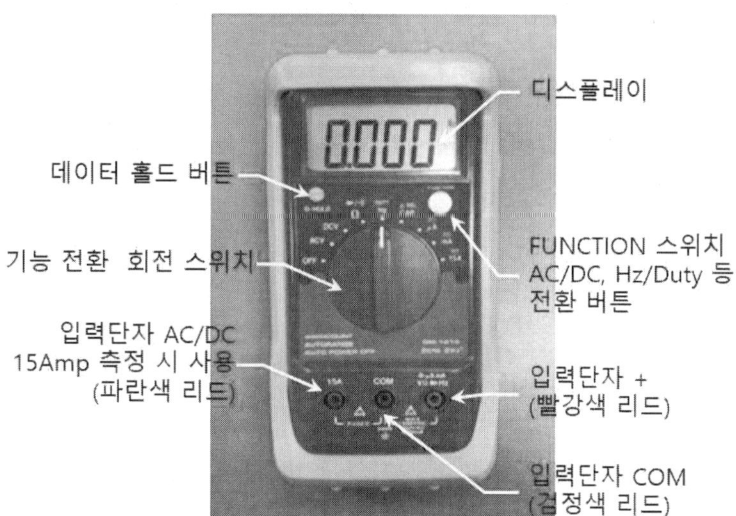

[그림 2-1] 디지털 멀티미터 (DM-1010)

전기전자 소자나 회로의 전기적 특성을 측정하는 계측기로 자주 사용되는 기기이다. 기본 측정 양으로는 직류 · 교류 전압, 직류 · 교류 전류, 저항, 축전기의 전기용량, 코일의 인덕턴스, 주파수 등을 측정할 수 있다. 교류 전압과 교류 전류를 측정하면 실효값, 즉 rms 전압과 rms 전류 값으로 주어진다. 전기적 특성을 측정할 때 두 측정 단자를 잘 확인하여야 한다. 측정은 바나나 플러그 패치코드 또는 전용 리드선을 사용한다(보다 자세한 사용법은 사용자 매뉴얼을 참조한다).

2) 함수파형 발생기(Function Generator, AFG-2005)

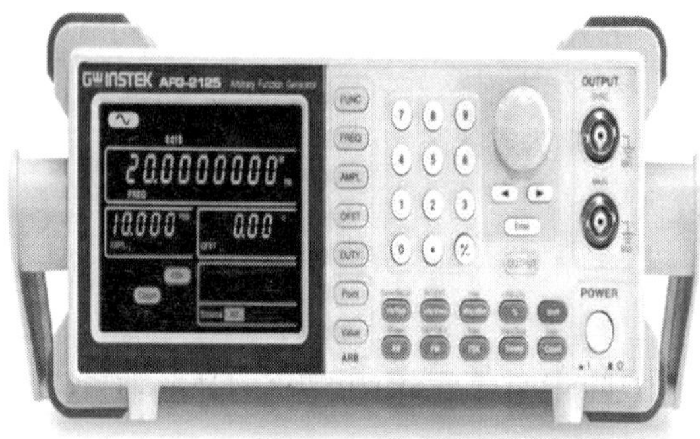

[그림 2-2] 함수파형 발생기(AFG-2125)

함수파형 발생기는 선택된 주파수 범위 내에서 여러 파형의 교류 전압 신호를 생성시킨다. 생성 가능한 주파수의 범위는 0.1Hz ~ 5MHz, peak-to-peak 전압 V_{pp}과 rms 전압 V_{rms} 중 선택하여 1mV ~ 10V(경우에 따라 20V)까지 교류 전압을 발생시킨다. 출력 파형은 정현파(사인파), 구형파(사각형), 삼각파, 개방회로전압(ARB) 등을 구현할 수 있다. 출력 단자에 동축 케이블을 연결하여 사용한다.

3) 오실로스코프 (Oscilloscope, RTB-2000)

오실로스코프는 시간적으로 빠르고 복잡하게 변하는 교류 전압 신호를 시각적으로 보여주는 화상 계측기이다. 신호 입력 단자를 두 개 이상 갖고 있으며, 두 신호를 동시에 보여주기도 하고, 두 신호의 합성 신호를 통해 두 신호의 위상차를 측정할 수 있다.

가로축은 시간의 크기를 나타내고 세로축은 전압의 크기를 표시한다. 입력 단자는 동축 케이블을 사용하여 연결한다.

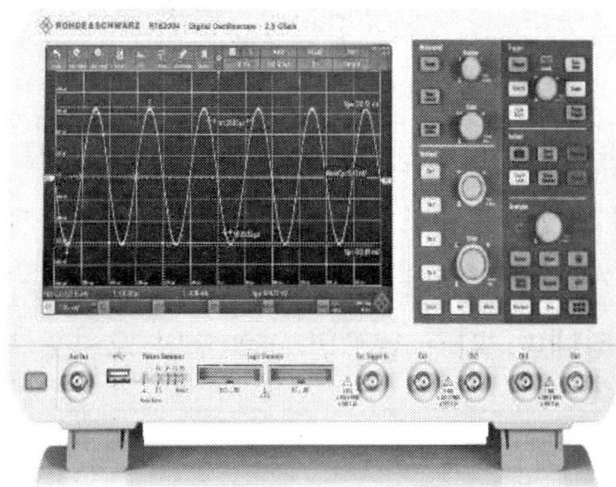

[그림 2--3] 오실로스코프(RTB-2000)

4) 저항(고체저항)

COLOR		1st	2nd	3rd	error
	Black (검정)	0	0	10^0	
	Brown (갈색)	1	1	10^1	±1%
	Red (빨강)	2	2	10^2	±2%
	Orange (오렌지)	3	3	10^3	
	Yellow (노랑)	4	4	10^4	
	Green (초록)	5	5	10^5	±0.5%
	Blue (파랑)	6	6	10^6	±0.25%
	Violet (보라)	7	7	10^7	±0.1%
	Gray (회색)	8	8	10^8	±0.05%
	White (흰색)	9	9	10^9	
	Gold (금색)				±5%
	Silver (은색)				±10%

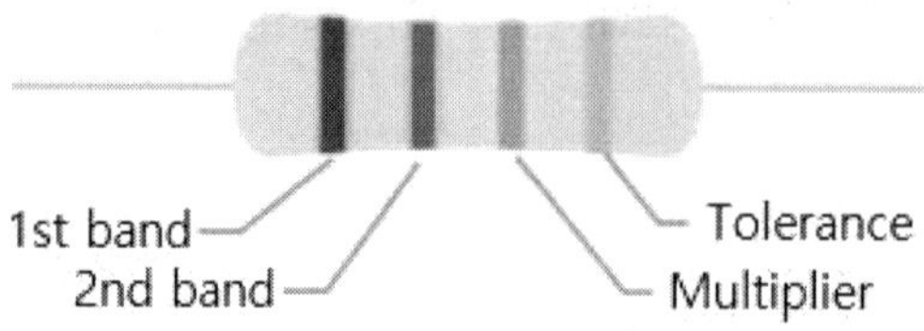

빨빨초금 $= 22 \times 10^5 \pm 5\% \Omega$

고체저항의 크기는 저항의 색깔 띠로 쉽게 알 수 있다. 보통 띠 저항에는 아래의 그림과 같이 4개의 색 띠가 있다. 저항의 색 띠는 각각 10의 자리 수, 1의 자리 수, 10의 지수 및 오차의 크기를 나타낸다. 네번째 색인 오차는 금색(gold)은 $\pm 5\%$, 은색(silver)은 $\pm 10\%$를 나타내며, 띠가 없으면 $\pm 20\%$의 오차를 나타낸다. 자리 수 및 지수는 다음과 같이 읽는다.

2. 실험 기구 및 재료

디지털 멀티미터(DM-1010), 함수파형 발생기(AFG-2005), 오실로스코프(RTB-2000), 직류 전원 공급 장치(SG-P303D), 저항, 축전기, 연결 전선들

3. 실험 방법

1) 디지털 멀티미터

(1) 직류 전압(DCV), 직류 전류 측정

① 직류 전원 공급 장치(DC power supply, SG-P303D)는 일정한 크기의 직류 전압과 그에 따른 직류 전류를 공급하는 장치이다. 발생 가능한 최대 전압은 30V, 최대 전류는 3A이다.

② 직류 전원 공급 장치의 다이얼을 모두 반시계 방향으로 돌려 영으로 설정한다.

③ 디지털 멀티미터의 가운데 입력 단자 COM과 오른쪽 입력 단자에 각각 검은색과 빨강색 리드선을 연결하고 회전 스위치를 직류 전압(DCV)으로 맞춘다.

④ 직류 전원 공급 장치와 디지털 멀티미터를 리드선으로 접촉하여 연결한다. 빨강색 리드선(+단자)은 전원의 + 단자에 대고, 검은색 리드선(COM)은 전원의 - 단자에 댄다.

⑤ 직류 전원 공급 장치의 전원을 켜고 전압과 전류 다이얼을 돌려 적당한 전압과 전류를 발생시킨다.

⑥ 직류 전원 공급 장치의 디스플레이에 나타난 직류 전압과 직류 전류 값과 디지털 멀티미터의 직류 전압 값을 기록한다.

⑦ 디지털 멀티 미터의 오른쪽 입력 단자의 빨강색 리드선을 왼쪽의 파란색 입력 단자로 옮기고 회전 스위치를 전류의 15A로 돌려 직류 전류의 세기를 측정한다(전류의 세기에 맞춰 디지털 멀티미터의 단자와 회전 스위치로 전류 범위를 맞춰 측정하여야 정확한 값이 측정된다).

⑧ 직류 전원 공급 장치의 다이얼을 돌려 설정 값을 5회 이상 바꿔가며 측정한다.

[그림 2-4] 직류 전원 공급 장치(SG-P303D)

(2) 저항 측정

① 디지털 멀티미터의 가운데 입력 단자 COM과 오른쪽 입력 단자에 각각 검은색과 빨강색 리드선을 연결하고 회전스위치를 저항의 Ω으로 맞춘다.

② 띠 저항의 양단에 리드선의 끝을 접촉하여 저항의 크기를 측정하고 기록한다.

③ 띠 저항의 크기와 디지털 멀티미터의 측정값을 비교한다.

2) 함수파형 발생기와 오실로스코프

(1) 교류 전압(ACV) 측정

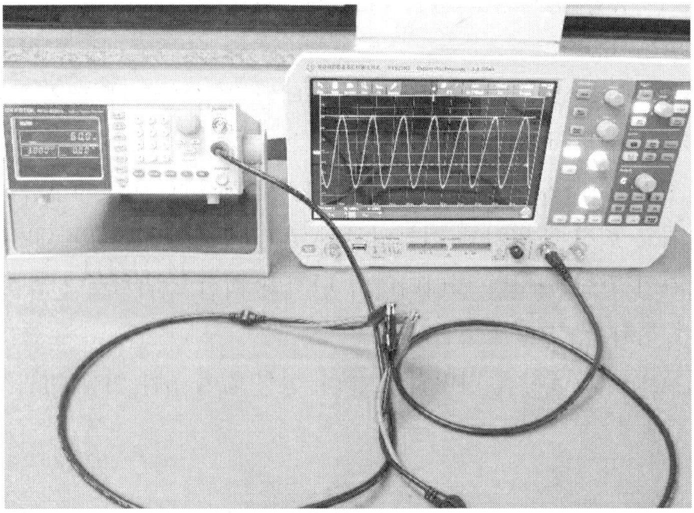

[그림 2-5] 교류 전압 측정

① 함수파형 발생기 주 출력 포트와 오실로스코프의 채널 1에 각각 동축-집게 케이블을 연결한다.

② 상치에 연결된 케이블의 집게를 빨강색은 빨강색과 검정색은 검정색과 연결한다.

③ 함수파형 발생기의 전원을 킨다. 디스플레이를 확인하며 교류전원을 발생시킨다.

④ 기능키 중 FUNC 버튼을 눌러 출력 파형을 설정한다.

⑤ FREQ 버튼을 누르고 숫자 키패드 또는 스크롤 휠을 사용하여 출력 주파수를 설정한다.

⑥ AMPL 버튼을 누르고 작동키를 선택하여 출력전압 크기 형태를 V_{pp} 또는 V_{rms}로 선택하고 숫자 키패드 또는 스크롤 휠을 사용하여 출력 전압을 설정한다.

⑦ 출력 제어키(OUTPUT 버튼)를 눌러 교류 전압을 출력시킨다.

⑧ 오실로스코프의 전원을 켜고 디스플레이가 켜지도록 잠시 기다린다.

⑨ 그래프의 파형이 잘 보이도록 수평(Horizontal)과 수직(Vertical) 제어판의 스케일(Scale)과 위치(Position)를 조절한다.

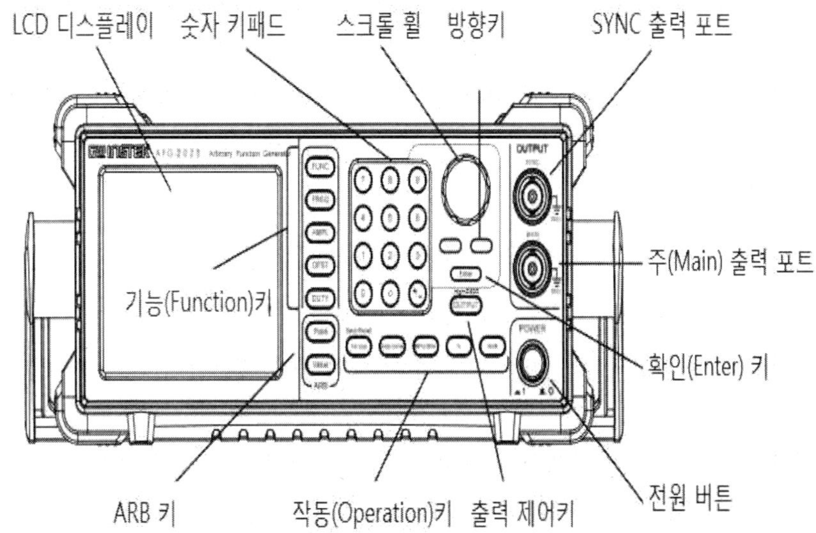

[그림 2-6] 함수파형 발생기(AFG-2125)의 전면 패널 개요

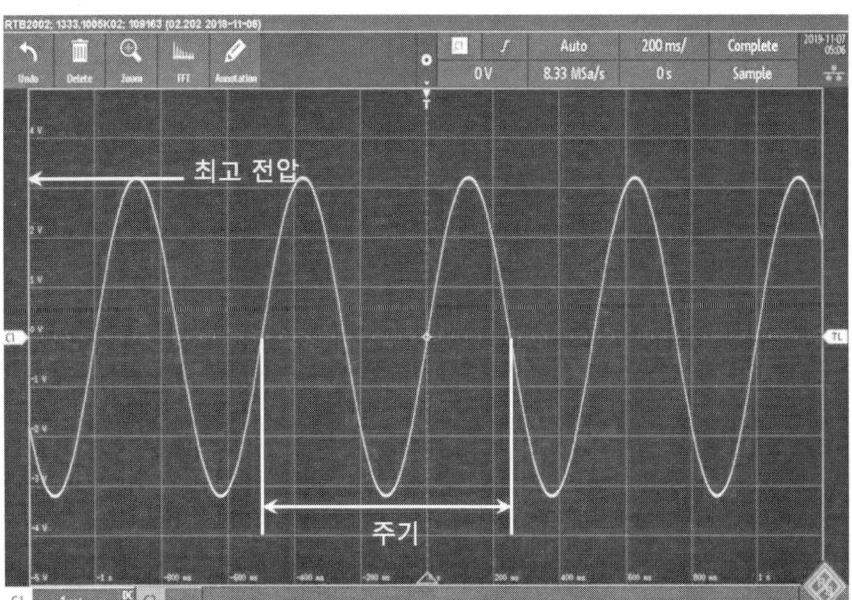

[그림 2-7]

⑩ 트리거(Trigger) 기능 블록의 RUN STOP 버튼을 눌려 연속 신호를 멈춰 고정시킨다.

⑪ USB 저장장치를 설치하고 Action 영역의 사진기 버튼을 눌러 스크린 샷을 저장한다. [그림 2-7]은 사인파, $V_{pp}=3.0V$, 주파수=60.0Hz의 교류 전압을 출력 및 측정하였다.

⑫ 오실로스코프의 디스플레이에 나타난 전압과 주기를 측정하고, $주파수=\frac{1}{주기}$의 식을 이용하여 주파수를 계산한다.

⑬ 함수파형 발생기의 설정 값을 5회 이상 바꿔가며 측정한다.

※ 이 교재는 실제로 실험실에서 사용하는 장치를 바탕으로 작성하였다. 제조사와 모델명에 따라 사용 방법에 차이가 있으므로 각 장치의 자세한 사용법은 사용자 매뉴얼을 참고하길 바란다.

예비보고서

2-1 전기전자 계측기 사용법

실험일시		학 과		담당교수	
제출자	학 번	이 름	실 험 조	공동실험자	

1. 이론 요약 (측정값과 결과값을 중심으로)

2. 실험 방법 (실제 실험 중심으로 요약)

결과보고서

2-1 전기전자 계측기 사용법

1. 직류 전압, 직류 전류 측정

1) 실험 측정값 기록

	직류 전원 공급 장치		디지털 멀티미터	
	전압 [V]	전류 [A]	전압 [V]	전류 [A]
1				
2				
3				
4				
5				

2) 공급 전압과 측정 전압의 차이는 얼마인가?

$$\text{오차} = \frac{|\text{이론값} - \text{측정값}|}{\text{이론값}} \times 100\%$$

3) 공급 전류와 측정 전류의 차이는 얼마인가?

2. 저항 측정

	고체 저항		디지털 멀티미터	오차 [%]
	COLOR	저항 [Ω]	저항 [Ω]	
1				
2				
3				

3. 교류 전압 측정

1) 실험 측정값 기록

	함수 파형 발생기		오실로스코프		
	전압 [V]	주파수 [Hz]	전압 [V]	주기 [s]	주파수 [Hz]
1					
2					
3					
4					
5					

2) 오실로스코프로 저장한 전압-시간 그래프를 첨부하시오.

4. 고찰 (이론값과 측정값의 오차와 원인, 주의할 점을 중심으로)

2-2 등전위선과 전기력선 그리기

실험 목적

도체판에 전극을 배치하고 전류를 흐르게 하여 등전위선과 전기력선을 그려 봄으로써 전위와 전기장의 개념을 이해한다.

1. 배경 이론

전위차를 가진 두 전극 사이에는 항상 전기장이 존재한다. 전하량 q의 전하가 전기장 내에서 힘 $\vec{F}$ 를 받을 때, 그 지점에서의 전기장은 $\vec{E}=\vec{F}/q$ 로 정의된다. 이 경우 힘의 방향은 전기장의 방향으로 결정된다. 전기장의 방향은 [그림 2-8]과 같이 양전하는 전하를 중심으로 나가는 방향, 음전하는 전하를 중심으로 들어가는 방향으로 전기력선(주황색)을 그려 전기장을 표시한다.

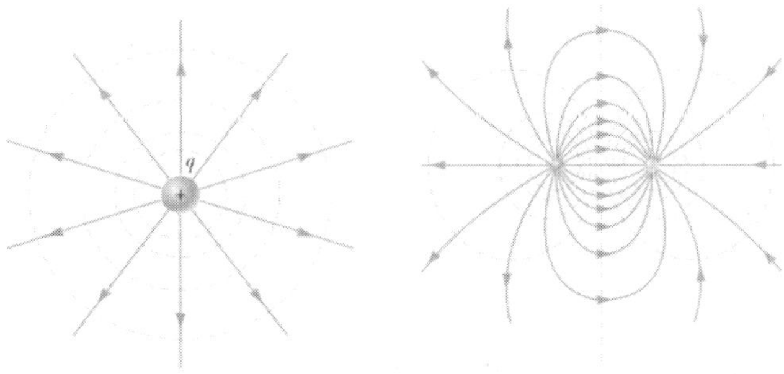

[그림 2-8] 점전하의 전기장과 전기력선

2차원의 일정한 전기장 $\vec{E}$ 내에서 전하 q를 $\Delta\vec{r}$ 만큼 이동시키는데 전기력이 한 일 W는 다음과 같다.

$$W=q\vec{E}\cdot\Delta\vec{r}=-\Delta PE \qquad 식(2-1)$$

즉 전기력이 전하에 작용하는 일은 항상 전기적 위치 에너지를 낮추는 방향으로 작용한다. 이 때 전하당 위치에너지의 차이, 전위차 ΔV 는 다음과 같이 정의된다.

$$\Delta V \equiv \frac{\Delta PE}{q} = -\vec{E} \cdot \Delta\vec{r} \qquad 식(2-2)$$

$\Delta V = 0$ 인 점들을 연결한 선을 등전위선이라 한다. 등전위선은 같은 세기의 전기장이 위치하는 곳이기도 하다. 전기장은 항상 등전위선에 수직이다. 또한 두 위치의 사이 (Δr) 에서 전위차가 최대 ($\Delta V \rightarrow$ 최대)가 되려면 변위가 전기장의 방향으로 진행해야 한다. 따라서 전기장과 전위와의 관계는 다음과 같이 주어진다.

$$\vec{E} = -\frac{\Delta V}{\Delta r}\hat{r} = -\frac{dV}{dr}\hat{r} \qquad 식(2-3)$$

여기서 $\hat{r}$ 은 등전위선에 수직인 단위 벡터이다. 전기장의 방향은 등전위선에 수직이고, 전기장의 방향으로 두 점 사이의 전위차가 최대가 된다. [그림 2-8]에 등전위면(파란색)과 전기장을 나타내는 전기력선(주황색)이 나타나 있다.

2. 실험 기구 및 재료

등전위선 측정 장치, 검류계(GALVANO METER), 직류 전원 공급 장치(SG-P303D), 검침 봉, 여러 모양의 전극, 디지털 멀티미터(DM-1010), 바나나 플러그 패치코드

3. 실험 방법

등전위선 측정 장치는 투명전극이 코팅된 유리판과 위치를 알려주는 모눈종이로 구성되어 있다. 투명전극은 매우 얇으므로 뾰족한 검침봉으로 강하게 긁으면 표면에 상처가 발생하여 측정값에 오류를 발생시키므로 주의한다.

1) 등전위선 측정

① 여러 모양의 전극 중 한 쌍을 선택하여 투명전극이 코팅된 유리판 위에 올린다. 전극의 모양과 위치를 측정용 모눈종이에 기록한다([그림 2-9] 참조).

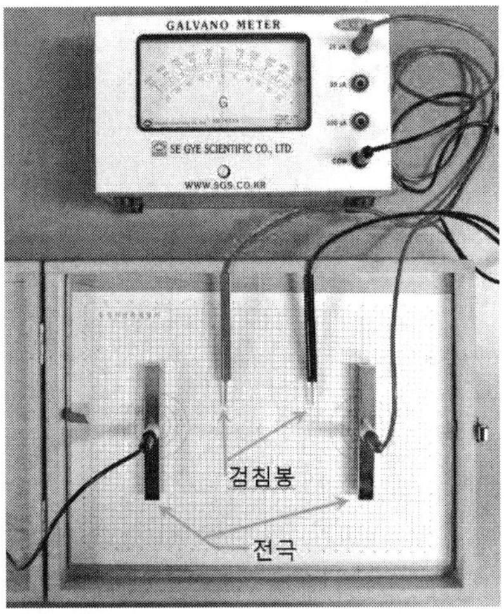

[그림 2-9] 전기장과 등전위선 그리기

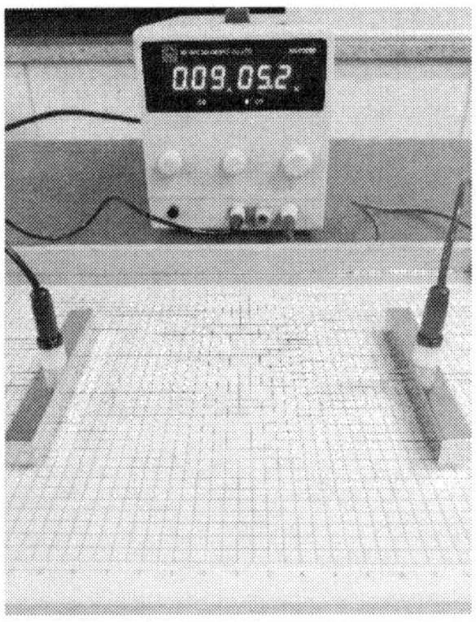

[그림 2-10]

② 전극을 직류 전원 공급 장치에 바나나 플러그 패치코드로 연결하고 전원을 공급한다. 전압은 약 10V로 조정한 후, 전류계에 전류가 흐르는 것을 확인한다([그림 2-10] 참조).

③ 검류계(GALVANO METER)의 COM 단자에 검정색 검침봉을 연결하고, 전류계의 전류 세기에 맞춰 빨간색 검침봉을 연결한다.

④ 투명전극판 임의의 위치에 검정색 검침봉(고정 검침봉)을 고정한다.

⑤ 빨강색 검침봉(이동 검침봉)을 천천히 이동하며 검류계의 바늘이 0을 가리키는 곳을 찾는다.

⑥ 투명전극판 아래의 모눈종이에서 위치를 찾아 측정용 모눈종이에 기록한다.

⑦ 고정 검침봉은 고정시킨 상태에서 이동 검침봉을 이동하여 같은 방법으로 등전위

점을 10개 정도 찾아 표시한다.

⑧ 표시한 점들을 연결하여 등전위선을 그린다. 표시점이 많을수록 등전위선의 정밀도가 높아짐을 알 수 있다.

⑨ 고정 검침봉의 위치를 다른 임의의 위치에 고정한 후 과정 ⑤ ~ ⑧ 을 반복한다. 3개 이상의 등전위선을 그리도록 한다.

⑩ 전극의 모양을 바꿔 같은 방법으로 등전위선을 그린다. 전극의 모양에 따라 등전위선의 형태가 달라짐을 확인할 수 있다.

2) 전기장의 방향 측정(전기력선 그리기)

① 등전위선을 측정한 후 장치를 그대로 사용하여 전기장을 측정한다. (위 실험의 과정 ① ~ ③ 을 실행한다.)

② 등전위선의 임의의 위치에 검정색 검침봉(고정 검침봉)을 고정한다.

③ 빨강색 검침봉(이동 검침봉)을 고정 검침봉을 중심으로 동심원을 그리며 천천히 이동하며 검류계의 바늘이 가장 큰 수를 가리키는 곳을 찾는다([그림 2-11] 참조)

④ 투명전극판 아래의 모눈종이에서 위치를 찾아 측정용 모눈종이에 기록한다(두 점을 이으면 전기장의 방향이 된다).

⑤ 고정 검침봉을 방금 찾은 빨강색 검침봉의 위치로 이동하고, 과정 ③, ④를 반복한다.

⑥ 같은 방법으로 전기력선 상의 점을 10개 정도 찾아 표시한다.

⑦ 표시한 점들을 연결하여 전기력선을 그린다. 표시점이 많을수록 전기력선의 정밀도가 높아짐을 알 수 있다.

⑧ 고정 검침봉의 위치를 등전위선 선의 다른 임의의 위치에 고정한 후 과정 ③ ~ ⑦ 을 반복한다. 3개 이상의 전기력선을 그리도록 한다.

⑨ 전극의 모양을 바꿔 같은 방법으로 전기력선을 그린다.

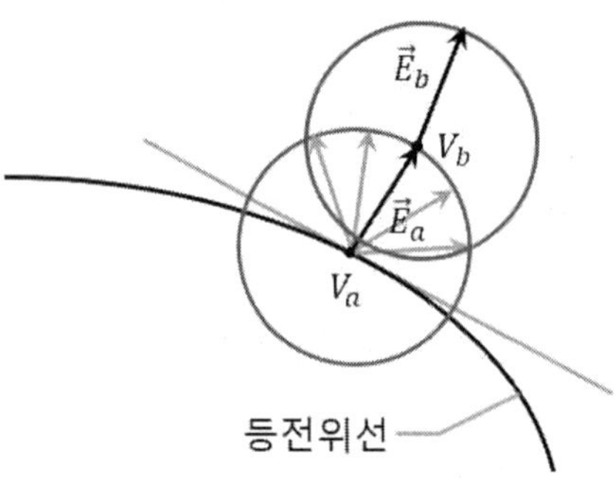

[그림 2-11]

예비보고서

2-2 등전위선과 전기력선 그리기

<table>
<tr><td>실험일시</td><td></td><td>학 과</td><td></td><td>담당교수</td><td></td></tr>
<tr><td rowspan="2">제출자</td><td>학 번</td><td>이 름</td><td>실 험 조</td><td colspan="2">공동실험자</td></tr>
<tr><td></td><td></td><td></td><td colspan="2"></td></tr>
</table>

1. 이론 요약 (측정값과 결과값을 중심으로)

2. 실험 방법 (실제 실험 중심으로 요약)

결과보고서

2-2 등전위선과 전기력선 그리기

1. 실험 측정값 기록

측정한 전극의 배치도를 그리고, 등전위선 측정용 모눈종이를 첨부하시오.

2. 이론적인 등전위면 및 전기력선과 측정된 등전위면 및 전기력선을 비교하라.

3. 고찰 (실험에서 예민하게 작용하는 요인은 무엇이며, 이 요인을 줄일 수 있는 방법은 무엇인가?)

2-3 온도에 따른 저항(전구물리)

실험 목적

텅스텐의 온도에 따른 저항의 변화를 측정하여 온도와 저항의 상관관계를 알아본다.

1. 배경 이론

일반적으로 금속의 저항은 옴의 법칙을 따른다. 그러나 고온이 되면 저항이 크게 변한다. 도체에 전압(ΔV)을 가하면 옴의 법칙에 따라 전류(I)가 흐른다.

$$I = \frac{\Delta V}{R} \quad : \text{옴의 법칙}$$

여기서 비례 상수의 역수인 R을 (전기)저항이라고 부르며, 전압의 단위로 V(volt), 전류의 단위로 A(ampere)를 사용할 때 저항의 단위는 Ω(ohm)이다.

저항이 R 인 물체에 전압 ΔV을 인가하면 물체에서는 매초 다음의 식에 의한 만큼 전기 에너지가 소모된다.

$$P[W] = I(\Delta V) = \frac{\Delta V^2}{R} \quad : \text{전력}$$

소모된 전기 에너지는 다른 형태의 에너지로 전환된다. 전구의 경우 소모된 전기 에너지는 빛과 열에너지로 전환된다. 전환된 열에너지는 전도, 대류, 복사에 의해 방출된다.

전구의 필라멘트에서 소모되는 전기에너지는 열에너지로 대부분 전자기파의 형태로 방출된다. 대부분의 경우 눈에 보이지 않는 적외선으로 방출된다. 방출되는 전자기파 중 우리 눈에 보이는 가시광선은 복사되는 에너지의 약 5% 미만으로 우리는 이 가시

광선으로 방을 밝히기 위하여 전구를 사용한다. 전환된 열에너지 중 일부는 필라멘트 자체의 온도를 높이기도 한다.

열에 의해 필라멘트의 온도가 올라가면 필라멘트의 비저항이 달라져 전기 저항이 변화한다. 여기서 저항은 물체의 크기나 모양에 따라서 달라지기 때문에 물체를 이루는 물질의 전기 전도 특성을 나타내기 위하여 비저항을 사용한다.

전류가 흐르는 방향의 길이가 L, 단면적이 A 인 균일한 물체의 전기 저항은 $R=\rho\frac{L}{A}$ 이다.

비저항은 $\rho=R\frac{A}{L}$ 로 정의되며 단위는 $\Omega\cdot m$ 이다. 비저항은 물체의 크기나 모양에는 무관한 물질의 상수이나 온도가 변화하면 달라진다. 일반적으로 금속 물질에서는 온도가 높아지면 비저항이 온도 변화에 거의 비례해서 증가한다. 비저항과 온도의 관계는 다음과 같다.

$$\rho=\rho_0[1+\alpha(T-T_0)] \qquad 식(2\text{-}4)$$

여기서 ρ는 어떤 온도 T에서의 비저항, ρ_0는 기준 온도(보통 300K) T_0에서의 비저항이며, α는 비저항의 온도 계수이다. 20℃에서 텅스텐의 비저항은 $\rho_0=5.68\times10^{-8}\Omega\cdot m$ 이고, 비저항의 온도 계수는 $\alpha=4.5\times10^{-3}/K$ 이다.

저항과 비저항의 관계식에 의하여 식(2-4)는 다음과 같이 쓸 수 있다.

$$R=R_0[1+\alpha(T-T_0)] \qquad 식(2\text{-}5)$$

텅스텐의 온도에 따른 비저항 값은 <표 2-1>에 나타나있다.

대부분의 금속은 2800K이하에서 녹으나 텅스텐은 3683K에서 녹기 때문에 전구의 필라멘트 재료로 텅스텐이 애용되고 있다. 전구를 켠 후 일정 시간이 지나면 전구의 밝기가 일정해진다. 이 정상 상태에서는 필라멘트의 온도가 더 이상 변하지 않으므로 가해진 전력은 모두 방출된다. 이 때 전구에서 전도, 대류, 복사의 세 가지 방법으로 에너지의 방출이 이루어진다.

가열된 필라멘트에서 전선을 따라 전도에 의한 에너지의 방출이 일어난다. 전도는 뉴턴의 냉각 법칙에 따르는데 단위 시간에 방출되는 에너지는 다음과 같다.

$$P=k\frac{A}{L}(T-T_0) \quad (\text{T 는 절대 온도를 기준으로 한다.})$$

〈표 2-1〉 온도에 따른 텅스텐의 비저항

온도 T [K]	비저항 ρ [$\times 10^{-8}\Omega \cdot m$]	온도 T [K]	비저항 ρ [$\times 10^{-8}\Omega \cdot m$]
300	5.65	1600	43.55
400	8.06	1700	46.78
500	10.56	1800	50.05
600	13.23	1900	53.35
700	16.09	2000	56.67
800	19.00	2100	60.06
900	21.94	2200	63.48
1000	24.93	2300	66.91
1100	27.94	2400	70.39
1200	30.98	2500	73.91
1300	34.08	2600	77.49
1400	37.19	2700	81.04
1500	40.36	2800	84.70

방출되는 에너지는 필라멘트와 주위의 온도 차이(ΔT)에 비례하고 열이 전달되는 방향으로 거리(L)에 반비례하며 단면적(A)에 비례한다. 이 때 비례 상수 k를 열진도도라 한다.

복사에 의한 에너지의 전달은 슈테판-볼츠만의 복사 법칙에 따라 단위 시간에 방출되는 에너지가

$$P = \sigma Ae(T^4 - T_0^4) \quad \text{(T 는 절대 온도를 기준으로 한다)}$$

으로 온도의 4제곱의 차이에 비례하고, A는 복사 면적이며, e는 방출율, σ는 슈테판-볼츠만 상수($\sigma = 5.67 \times 10^{-8} W/m^2 \cdot K^4$)이다.

대류에 의한 열전달은 공기에 의한 열전달 방법으로 전구의 내부는 거의 진공 상태이므로 대류에 의한 열전달은 무시할 수 있다.

2. 실험 기구 및 재료

직류전원 공급 장치(SG-P303D), 꼬마 전구, 전구 소켓, 디지털 멀티미터(DM-1010), 집게 전선 등

3. 실험 방법

① 꼬마 전구를 소켓에 끼우고 디지털 멀티미터를 사용하여 꼬마 전구의 저항을 측정한다.

② 현재의 온도를 기록한다.

③ 꼬마 전구와 소켓을 집게 전선을 사용하여 직류 전원 장치와 아래의 회로도 같이 연결한다. 이 때 직류 전원 장치의 전압, 전류의 손잡이가 0을 가리키도록 한다.

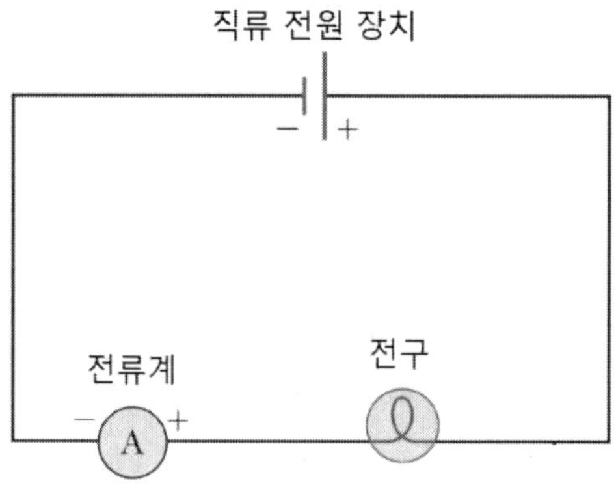

④ 직류 전원 장치의 전원을 켜고 전압 다이얼을 돌려 매우 작은 전압 (약 0.1V)을 인가하고 직류 전원 장치에 표시된 전류를 기록한다. 전구가 정상상태에 도달하도록 10초 정도 기다린 후 측정한다.

⑤ 인가전압을 0.1V씩 올려가며 저항과 전류를 측정하여 기록한다. 10개 이상의 데이터를 측정한다.

⑥ 옴의 법칙을 사용하여 각 전압에서의 저항을 계산한다(계산의 편리를 위해 엑셀 사용을 권장한다).

(예시)

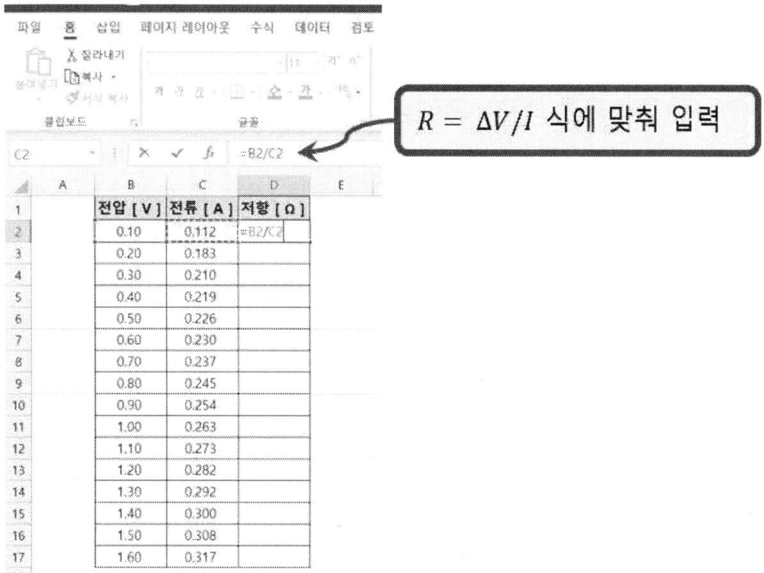

⑦ 측정값을 사용하여 전류-전압 그래프를 그린다.

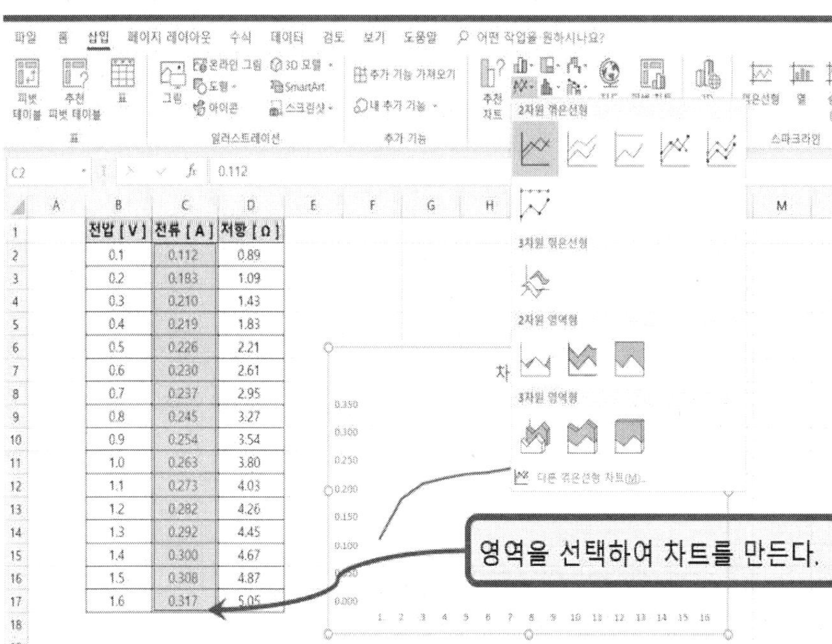

(예시)

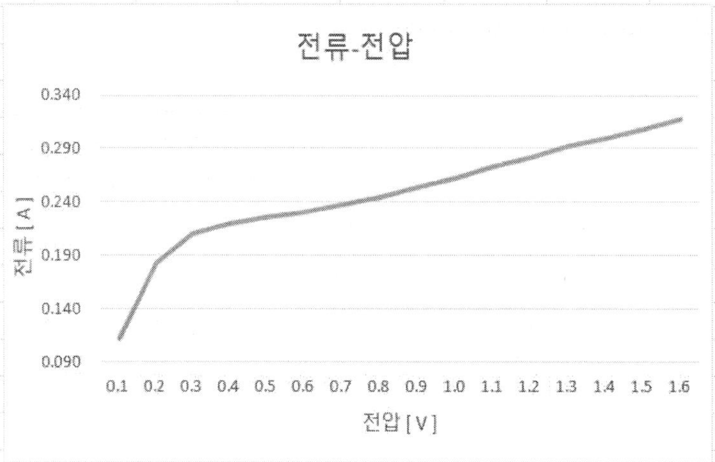

⑧ 측정값을 사용하여 저항-전류 그래프를 그린다.

(예시)

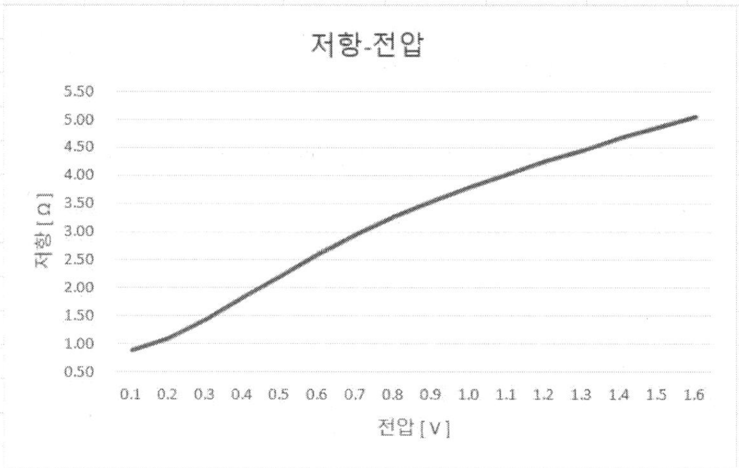

⑨ 식(2-5)에 텅스텐의 비저항의 온도 계수는 $\alpha = 4.5 \times 10^{-3}/K$ 를 대입하여 현재 텅스텐의 온도를 계산한다.

※ 주 의

- 꼬마 전구에 불이 켜기지 시작하는 전압을 표시해 놓으시오.
- 전류가 0.3A를 넘지 않는 범위에서 실험한다.
- 전압을 증가시킨 후 꼬마 전구의 전류가 안정되도록 10초 정도 기다린 후 측정한다.

예비보고서

2-3 온도에 따른 저항(전구물리)

<table>
<tr><td>실험일시</td><td></td><td>학　과</td><td></td><td>담당교수</td><td></td></tr>
<tr><td rowspan="2">제출자</td><td>학　번</td><td>이　름</td><td>실 험 조</td><td colspan="2">공동실험자</td></tr>
<tr><td></td><td></td><td></td><td colspan="2"></td></tr>
</table>

1. 이론 요약 (측정값과 결과값을 중심으로)

2. 실험 방법 (실제 실험 중심으로 요약)

결과보고서

2-3 온도에 따른 저항(전구물리)

1. 실험 측정값 기록

전 압 [V]	전 류 [A]	저 항 [Ω]	온 도 [K]	전 압 [V]	전 류 [A]	저 항 [Ω]	온 도 [K]
0.1							

2. 전구의 전류-전압 그래프를 첨부하시오.

3. 전류-전압 그래프의 결과와 전구의 밝기의 관계를 설명하시오.

4. 전구의 저항-전압 그래프를 첨부하시오.

5. 저항-전압 그래프의 결과와 전구의 온도와의 관계를 설명하시오.

6. 고찰 (이론값과 측정값의 오차와 원인을 중심으로)

2-4 옴의 법칙

실험 목적

회로에 가해진 전압을 고정시킨 상태에서 저항 변화에 대한 전류 변화 측정과 저항을 고정시킨 상태에서 전압 변화에 대한 전류 변화를 측정하여, 옴의 법칙 $\Delta V = IR$ 을 확인한다.

1. 배경 이론

전압(전위차) ΔV 가 금속 도체의 양단에 걸려있을 때, 도체의 전류는 걸린 전압에 비례한다. 여기서 비례 상수 R을 도체의 저항이라고 한다. 대부분의 금속을 포함한 많은 물질의 경우, 넓은 범위의 전압 또는 전류에 걸쳐 저항은 일정하다는 것을 실험을 통해 알 수 있다. 전압과 전류와의 관계를 옴의 법칙이라 하며 다음과 같이 나타낸다.

$$\Delta V = IR = \left(\rho \frac{L}{A}\right) I \qquad \text{식(2-6)}$$

도체의 저항은 길이에 비례하고, 단면적은 넓이에 반비례한다. 여기서 비례상수를 비저항 ρ 이라고 한다. 모든 물질은 전자적 구조와 온도에 따라 고유한 비저항이 있다. [그림 2-12]와 같이 세 저항 R_1, R_2, R_3 가 직렬로 연결되어 있을 때, 등가저항은 다음과 같다.

$$R_{등가} = R_1 + R_2 + R_3 \qquad \text{식(2-7)}$$

[그림 2-13]과 같이 세 저항 R_1, R_2, R_3 가 병렬로 연결되어 있을 때, 등가저항은 다음과 같다.

$$\frac{1}{R_{등가}} = \frac{1}{R_1} + \frac{1}{R_2} + \frac{1}{R_3} \qquad \text{식}(2\text{-}8)$$

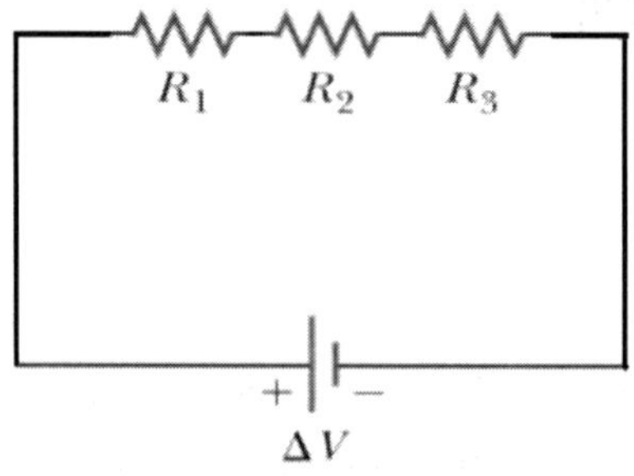

[그림 2-12]

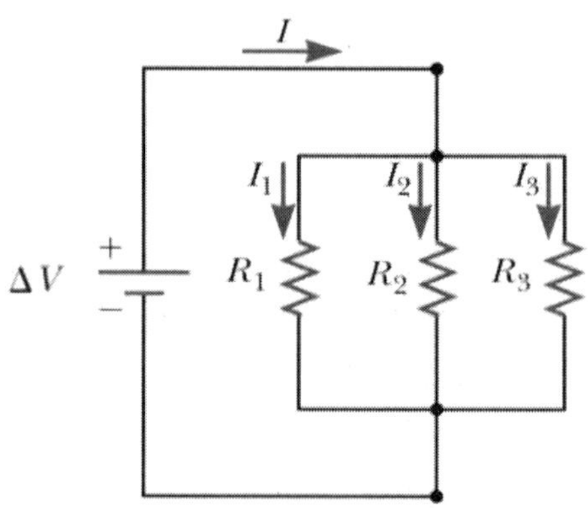

[그림 2-13]

[그림 2-14]와 같은 회로에서 미지저항 R_x 를 구해보자.

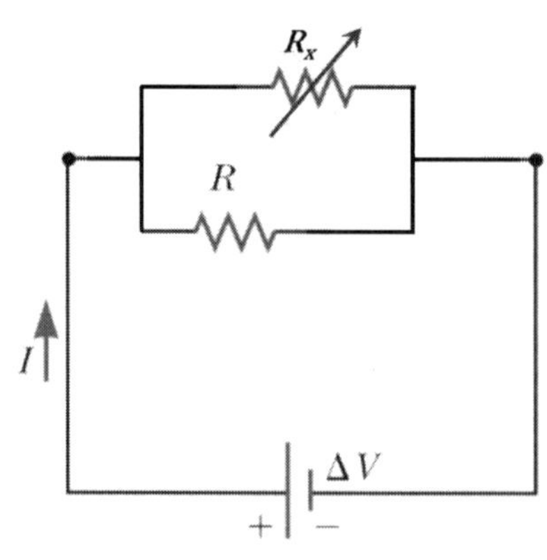

[그림 2-14]

이 회로도의 등가 저항은 다음과 같다.

$$\frac{1}{R_{등가}} = \frac{1}{R_x} + \frac{1}{R} = \frac{R_x + R}{R_x R}$$

따라서 전류는 다음과 같다.

$$I = \frac{\Delta V}{R_{등가}} = \frac{(R_x + R)}{R_x R}\Delta V$$

위의 식을 정리하면 미지저항 R_x는 다음과 같이 구할 수 있다.

$$\therefore R_x = \frac{R\Delta V}{IR - \Delta V} \qquad \text{식(2-9)}$$

2. 실험 기구 및 재료

옴의 법칙 실험장치(SG-6108), 직류 전원 공급 장치(SG-P303D), 바나나 플러그 패치코드, 디지털 멀티미터(DM- 1010), 고체 저항(띠 저항), 브래드 보드, 전선들

3. 실험 방법

옴의 법칙 실험 장치(SG-6108)는 표면의 회로도에 맞게 저항 등 전기 장치가 내부에 연결되어 있는 장치이다. 회로의 단락 등이 발생했을 경우 직접 확인이 불가능하므로 실험 전 디지털 멀티미터로 연결 상태를 확인하는 작업이 필요하다. 실험 장치의 전압계(VOLT. METER)와 전류계(AM. METER)는 전선이 단락 된 상태이므로 이 위치에 측정 장치를 연결하거나 전선으로 연결하지 않으면 회로의 단락으로 전류가 흐르지 않는다.

옴의 법칙 실험 장치를 사용하지 않을 경우, 브래드 보드에 띠저항을 사용하여 회로를 구현하여 실험이 가능하다.

1) 직렬 회로

(1) 전압에 대한 전류의 변화(저항이 일정할 경우)

① 전원이 공급되지 않은 상태에서 디지털 멀티미터로 저항을 측정하여 기록한다 ([그림 2-15] 참조).

② [그림 2-16]과 같이 회로도를 구현한다.

③ 직류 전원 공급 장치의 +단자와 옴의 법칙 실험 장치의 +단자를 연결한다. 직류 전원 공급 장치의 -단자와 회로의 첫번째 저항(10)과 연결한다(저항 1개 직렬연결).

④ [그림 2-16]의 원 안의 전류계 위치에 전류계 또는 바나나 플러그 패치코드를 연결하여 회로를 구현한다.

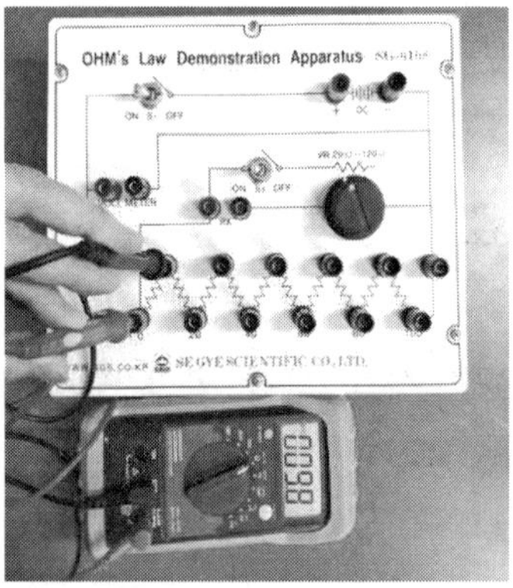

[그림 2-15] 옴의 법칙 실험 장치 연결 확인

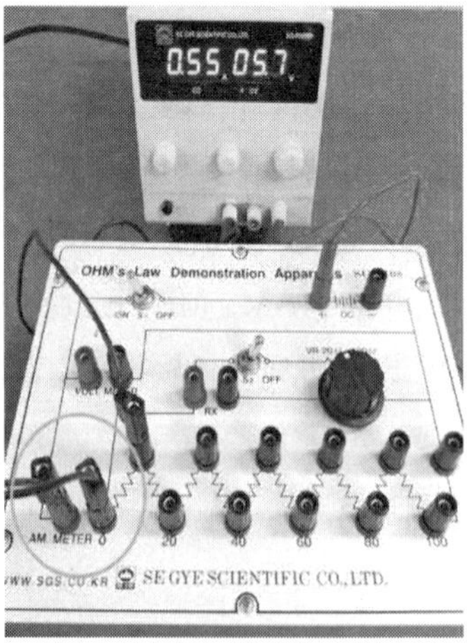

[그림 2-16]

⑤ 직류 전원 공급 장치의 전압과 전류 다이얼을 시계 반대방향으로 돌려 0으로 조정하고 전원을 켠다.

⑥ 스위치(S_1)를 켜고 직류 전원 공급 장치의 전압과 전류 다이얼을 조금씩 돌려 회로에 전류를 공급한다.

⑦ 직류 전원 공급 장치에 나타난 전압 또는 전압계의 전압을 기록한다.

⑧ 직류 전원 공급 장치에 나타난 전류 또는 전류계의 전류를 기록한다.

⑨ 직류 전원 공급 장치의 출력 전압을 조금씩 조정하여 회로에 가해지는 전류를 변화시키면서 그 때의 전류와 전압을 측정하여 기록한다.

⑩ 측정값을 이용하여 전류-전압 그래프를 그린다.

(예시)

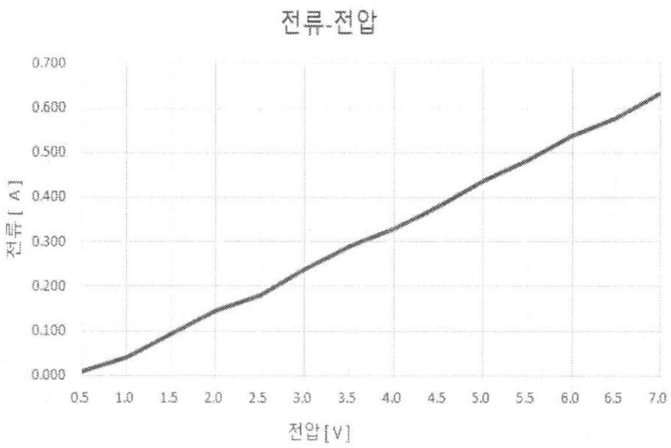

(2) 저항에 대한 전류의 변화(전압이 일정한 경우)

① 전원이 공급되지 않은 상태에서 [그림 2-15]와 같이 디지털 멀티미터의 리드선을 이동하며 직렬 연결된 저항의 크기를 측정하여 기록한다. 이 때 하나의 단자는 고정하여야 한다.)

② [그림 2-16]과 같이 회로도를 구현한다.

③ 직류 전원 공급 장치의 +단자와 옴의 법칙 실험 장치의 +단자를 연결한다. 직류 전원 공급 장치의 -단자와 회로의 첫번째 저항(10)과 연결한다(저항 1개 직렬연결).

④ [그림 2-16]의 원 안의 전류계 위치에 전류계 또는 바나나 플러그 패치코드를 연결하여 회로를 구현한다.

⑤ 스위치(S_1)를 켜고 직류 전원 공급 장치의 전압과 전류 다이얼을 조절하여 회로에 전류를 공급한다.

⑥ 직류 전원 공급 장치에 나타난 전압 또는 전압계의 전압을 기록한다.

⑦ 직류 전원 공급 장치에 나타난 전류 또는 전류계의 전류를 기록한다.

⑧ 직류 전원 공급 장치의 -단자와 연결된 전선을 두번째 저항(20)과 연결하여 전압과 전류를 기록한다(저항 2개 직렬연결).

⑨ 연결선을 이동하며 계속해서 직렬 연결된 저항에 가해지는 전압과 전류를 측정한다.

⑩ 측정값을 이용하여 전류-저항 그래프를 그린다.

(예시)

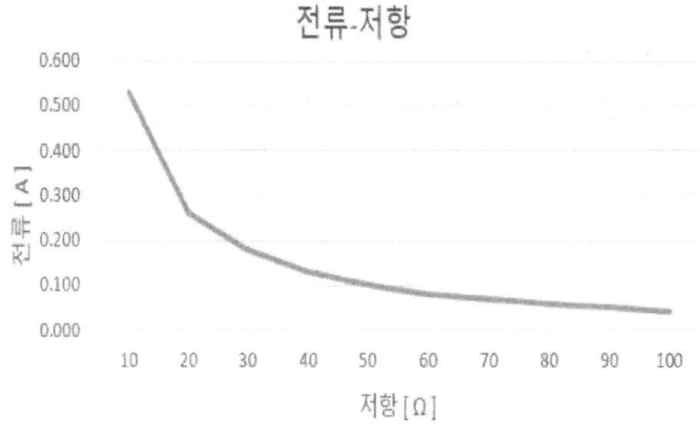

2) 병렬 회로(미지 저항 측정)

① 직류 전원 공급 장치의 +단자와 옴의 법칙 실험 장치의 +단자를 연결한다. 직류 전원 공급 장치의 -단자와 회로의 마지막 저항(100)과 연결한다(고정 저항 100Ω 연결).

② 옴의 법칙 실험 장치의 가변 저항 다이얼을 시계방향으로 끝까지 돌려 120Ω을 구현한다.

③ [그림 2-16]의 원 안의 전류계 위치에 전류계 또는 바나나 플러그 패치코드를 연결하여 회로를 구현한다.

④ 스위치 S_1과 S_2를 켜고 직류 전원 공급 장치의 전압과 전류 다이얼을 조절하여 회로에 전류를 공급한다.

⑤ 직류 전원 공급 장치에 나타난 전압 또는 전압계의 전압을 기록한다.

⑥ 직류 전원 공급 장치에 나타난 전류 또는 전류계의 전류를 기록한다.

⑦ 스위치를 모두 끄고 연결선들을 모두 제거한 상태, 즉 전원을 공급하지 않은 상태에서 옴의 법칙 실험 장치 Rx 단자에 디지털 멀티미터의 리드선을 연결하여 가변 저항을 측정한다. 고정 저항도 측정하여 기록한다.

⑧ 측정값을 식(2-9)에 대입하여 가변 저항 Rx를 계산한다.

⑨ 디지털 멀티미터로 측정한 Rx 값(이론값)과 계산에 의한 가변 저항 Rx(측정값)의 오차를 계산한다.

⑩ 가변 저항을 변경하여 위의 실험을 반복한다.

예비보고서

2-4 옴의 법칙

<table>
<tr><td>실험일시</td><td></td><td>학 과</td><td></td><td>담당교수</td><td></td></tr>
<tr><td rowspan="2">제출자</td><td>학 번</td><td>이 름</td><td>실 험 조</td><td colspan="2">공동실험자</td></tr>
<tr><td></td><td></td><td></td><td colspan="2"></td></tr>
</table>

1. 이론 요약 (측정값과 결과값을 중심으로)

2. 실험 방법 (실제 실험 중심으로 요약)

결과보고서

2-4 옴의 법칙

1. 직렬 회로

1) 전압에 대한 전류의 변화(저항이 일정할 경우)

(1) 실험 측정값 기록

일정한 저항 (R) :   Ω

	1	2	3	4	5	6	7	8	9	10
전압 [V]										
전류 [A]										

(2) 전류-전압 그래프를 첨부하라.

(3) 저항이 일정할 때, 전류와 전압의 관계를 설명하라.

2) 저항에 대한 전류의 변화(전압이 일정한 경우)

(1) 실험 측정값 기록

공급 전압 (ΔV) : V

	저항 개수									
	1	2	3	4	5	6	7	8	9	10
저항 [Ω]										
전류 [A]										

(2) 전류-저항 그래프를 첨부하라.

(3) 전압이 일정할 때, 전류와 저항의 관계를 설명하라.

2. 병렬 회로(미지 저항 측정)

1) 실험 측정값 기록

	1	2	3
공급 전압 $\triangle V$ [V]			
고정 저항 R [Ω]			
전류 I [A]			
가변저항 R_x (계산값)			
가변저항 R_x (측정값)			
오차 [%]			

$$R_x = \frac{R\triangle V}{IR - \triangle V}$$

3. 고찰 (이론값과 측정값의 오차와 원인을 중심으로)

2-5 교류 전압 정류

실험 목적

다이오드의 기초적인 작용을 이해하고 교류를 여과하고 정류하는 방법을 실험을 통해 알아본다.

1. 배경 이론

가정에 공급되는 전기는 교류이지만 휴대용 전자기기들의 대부분 전지에 의해 공급되는 직류 전류에 의해 작동된다. 따라서 이들 대부분의 장치에 전원을 공급할 때는 어댑터를 사용해서 교류를 직류로 변환해야 한다. 이러한 변환기는 전형적으로 220V에서 9.0V 나 3.7V로 전압을 강압시킬 수 있는 변압기와 교류 전류를 직류로 변환시키는 회로로 구성된다.

이 중에서 교류 전류를 직류 전류로 변환시키는 과정을 정류(rectification)라 하며 변환 장치를 정류기(rectifier)라고 한다.

정류기 회로에서 가장 중요한 요소는 한 방향으로만 전류를 흐르게 하는 회로 요소인 다이오드이다. 이 다이오드는 대부분 반도체 소자를 이용하여 제작한다.

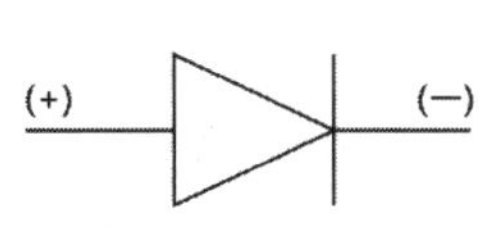

전기 회로에서 다이오드는 위와 같은 기호로 표시하는데, 화살표 방향으로 흐르는 전류에 대해서는 낮은 저항을 가지고, 반대 방향으로 흐르는 전류에는 높은 저항을 가진다.

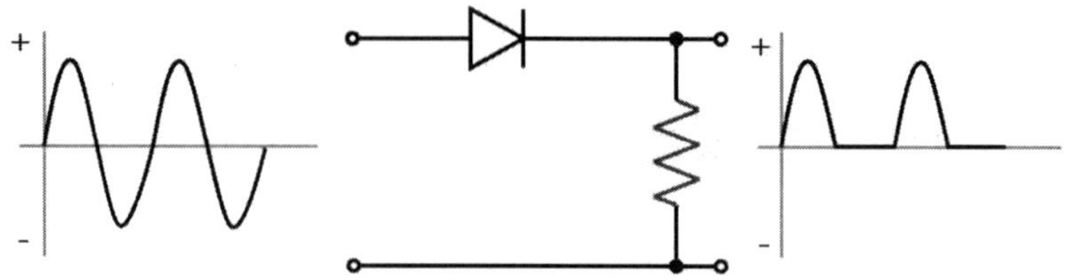

[그림 2-17]

다이오드는 한쪽 방향으로만 전류가 흐르기 때문에 다이오드를 통과하여 로드 저항에 흐르는 교류 전류는 [그림 2-17]의 오른쪽처럼 (+) 전압만 흐르게 된다. 이런 상황에서 다이오드는 sine 파형 전류의 (+) 부분만 통과하도록 정류하기 때문에 '반파 정류기'로 동작하게 되는 것이다.

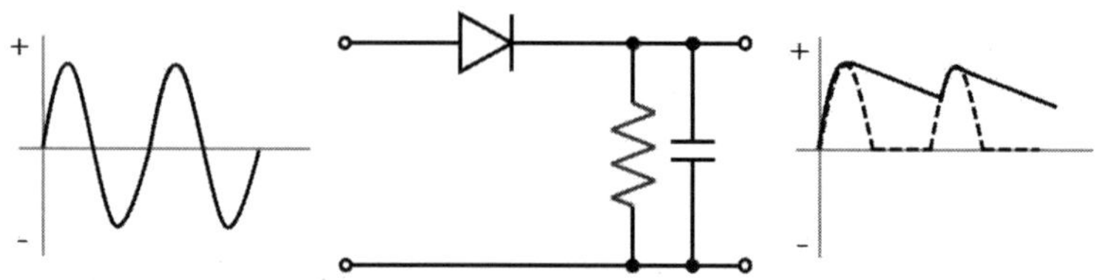

[그림 2-18]

이 회로에 축전기가 더해지면, 로드 저항에 흐르는 전류의 시간 변화는 [그림 2-18]에서 보는 것처럼 전압이 (+)로 올라갈 때 축전기에 충전된다. 그리고 입력된 전류가 감소하게 되면 축전기는 가지고 있던 전하를 저항 쪽으로 방전하게 된다. 그러므로 저항에 흐르는 전류는 축전기가 없을 때보다 상대적으로 천천히 감소해서 시간 변화에 따라 거의 변하지 않는 직류에 가까운 신호로 정류(filtered) 된다.

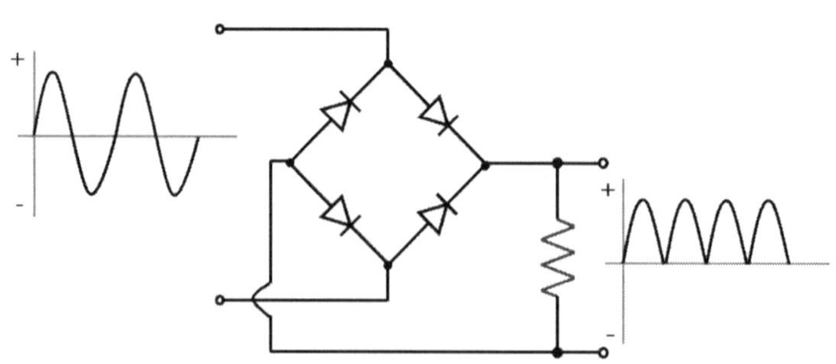

[그림 2-19]

다이오드 4개를 이용하여 [그림 2-19]와 같은 회로를 구성하면 단일 다이오드에서 제거되는 (-) 방향의 전류도 (+) 값으로 정류할 수 있으며, 이러한 다이오드 브릿지 회로를 이용한 정류를 모든 파형에 대한 정류라는 의미의 전파 정류라고 한다.

이번 실험에서는 최종적으로 축전기로 걸러진 정파 정류 회로를 사용하여 교류 전류가 직류 전류로 정류되는 과정을 확인하고자 한다.

2. 실험 기구 및 재료

함수파형 발생기(AFG-2005), 오실로스코프(RTB-2000), 브래드 보드, 반도체다이오드, 저항, 축전기, 디지털멀티미터, 연결 전선들

3. 실험 방법

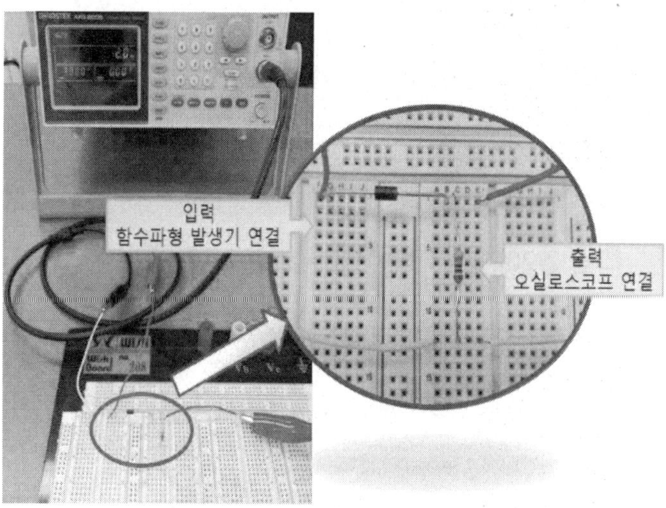

1) 교류 파형의 반파 정류 실험

① 브래드 보드에 [그림 2-17]의 회로도에 맞게 반도체 다이오드와 저항을 배치하고 전선으로 연결한다. 회로도의 입력 전압 부분은 함수 피형 발생기에 연결하고 출력 전압(저항기)은 오실로스코프의 채널 1과 연결한다. 사진은 실제 연결 모습이다.

② 회로 구성이 끝난 후, 함수 파형 발생기를 켜고 파형, 주파수, 전압 크기를 입력한다. 사진은 sine 파로 2.0Hz의 주파수에 $V_{pp}=3.0\,V$의 입력 전압을 인가하였다. 입력이 끝난 후 함수 파형 발생기의 output 버튼을 눌러야 전압이 출력된다.
③ 오실로스코프의 전원을 켜고 잠시 기다려 저항기를 통과하는 전압의 파형을 확인한다. 파형이 잘 보이도록 Horizontal과 Vertical의 Scale 다이얼을 조정한다.
④ Trigger의 Run Stop 버튼을 빨간 색이 되도록 눌러 화면을 정지시킨다. 파형에서 주기와 최고 전압을 확인하고 기록한다.
⑤ 오실로스코프에 USB 저장 장치를 삽입하고, Action의 사진기 버튼을 눌러 화면을 저장한다. [그림 2-20]은 Horizontal Scale을 200ms, Vertical Scale을 1V로 하여 측정한 오실로스코프의 스크린 샷이다. [그림 2-21]과 같이하여 저장된 파일을 확인할 수 있다.

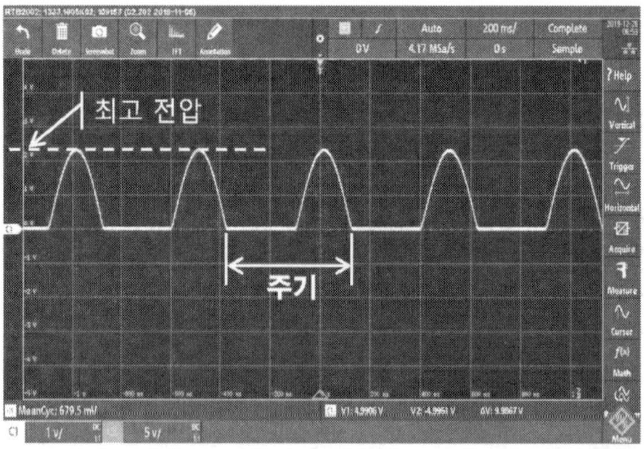

[그림 2-20] $V_{pp}=3.00\,V, f=2.00\,Hz, R=510\Omega$

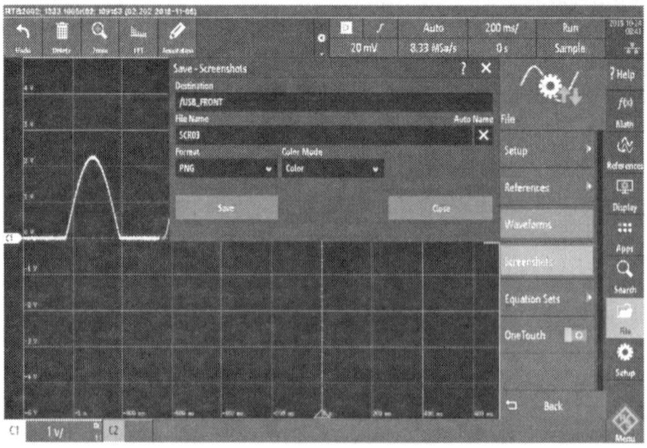

[그림 2-21]

⑥ 저항기와 연결하였던 오실로스코프를 다이오드와 연결하여 다이오드에 걸리는 전압을 측정한다. 최고전압과 주기를 기록하고 파형의 스크린 샷을 저장한다([그림 2-22]).

⑦ 오실로스코프를 함수 파형 발생기와 직접 연결하여 입력 전압을 측정한다. 최고 전압과 주기를 기록하고 파형의 스크린 샷을 저장한다([그림 2-23]).

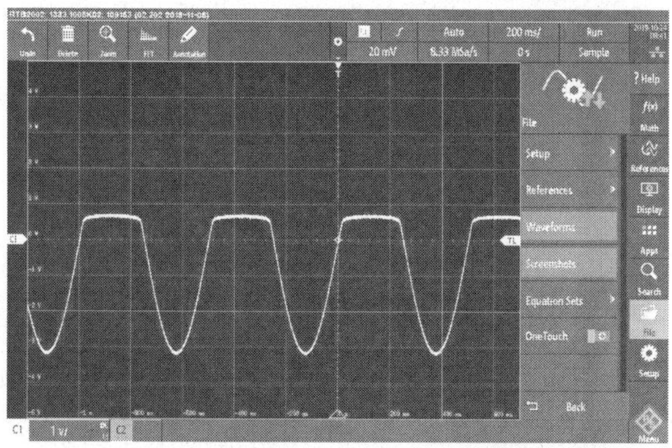

[그림 2-22] 1N4001 다이오드

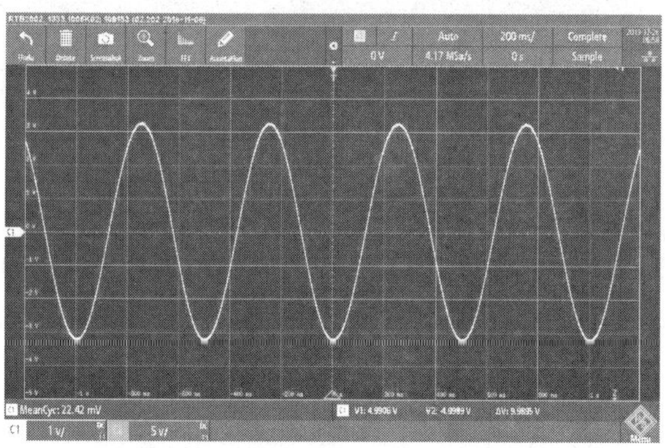

[그림 2-23] $V_{pp} = 3.00\,V,\ f = 2.00\,Hz$

⑧ 축전기를 저항기와 병렬로 연결하여 저항과 축전기에 인가된 전압을 오실로스코프로 측정한다. 최고 전압과 주기를 기록하고 파형의 스크린 샷을 저장한다([그림 2-24]).

⑨ 함수 파형 발생기에서 입력 주파수를 실제 가정의 입력 전압과 같은 60Hz로 인가한다. 저항과 축전기에 인가된 전압을 오실로스코프로 측정한다. 파형의 스크린 샷을 저장한다([그림 2-25]).

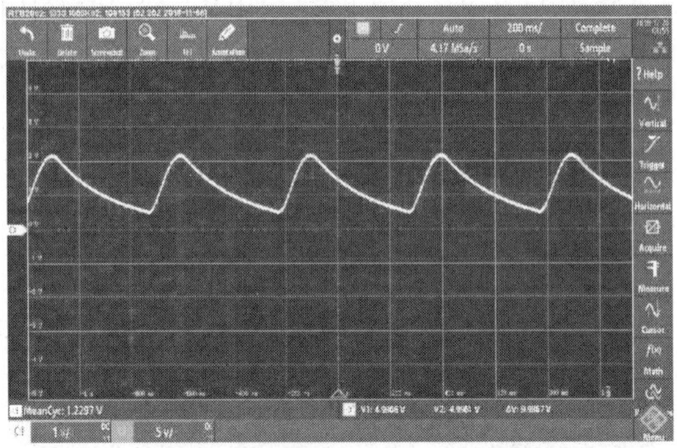

[그림 2-24] $R = 510\,\Omega,\ C = 470\mu F$

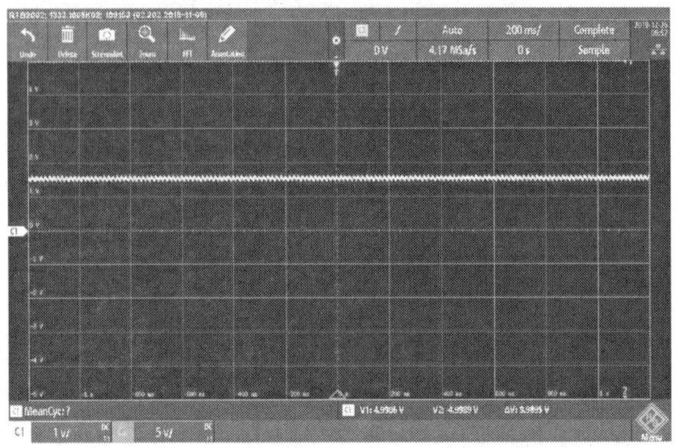

[그림 2-25] $f = 60.0Hz$

⑩ 입력전압 파형을 저장하고 오실로스코프의 REF 버튼을 눌러 파형을 기준 파형으로 입력하고 위의 출력전압을 측정하면 아래와 같이 여러 개의 파형을 동시에 확인할 수 있다.

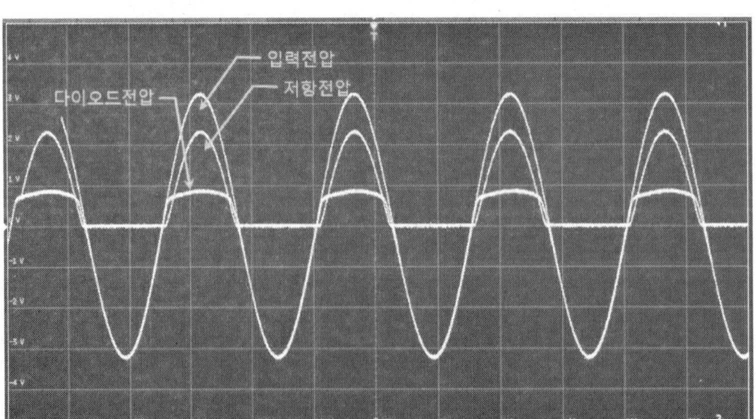

2) 교류 파형의 정파 정류 실험

① 브래드 보드에 [그림 2-19]의 브릿지 회로도에 맞게 반도체 다이오드와 저항을 배치하고 전선으로 연결한다. 회로도의 입력 전압 부분은 직류 전원 공급 장치에 연결하고 출력 전압(저항기)은 오실로스코프의 채널 1과 연결한다. 사진은 축전기를 추가 연결한 실제 모습이다.

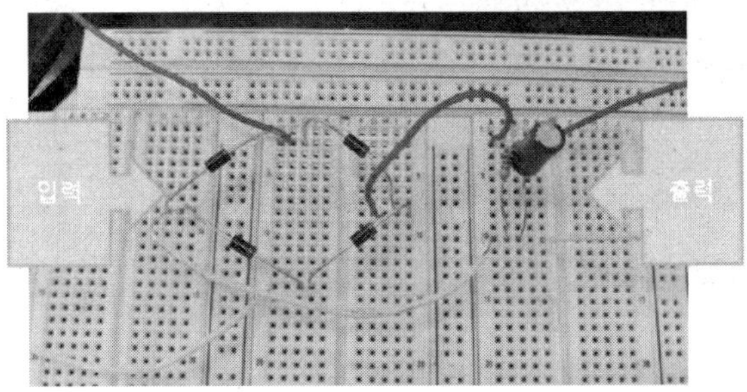

② 회로 구성이 끝난 후, 함수 파형 발생기를 켜고 파형, 주파수, 전압 크기를 입력한다. sine 파로 2.0Hz의 주파수에 $V_{pp} = 3.0\,V$ 의 입력전압을 인가하였다. 입력이 끝난 후 함수 파형 발생기의 output 버튼을 눌러야 전압이 출력된다.

③ 오실로스코프로 저항기에서 인가되는 전압 파형을 측정한다. 최고 전압과 주기를 기록하고 파형의 스크린 샷을 저장한다([그림 2-26]).

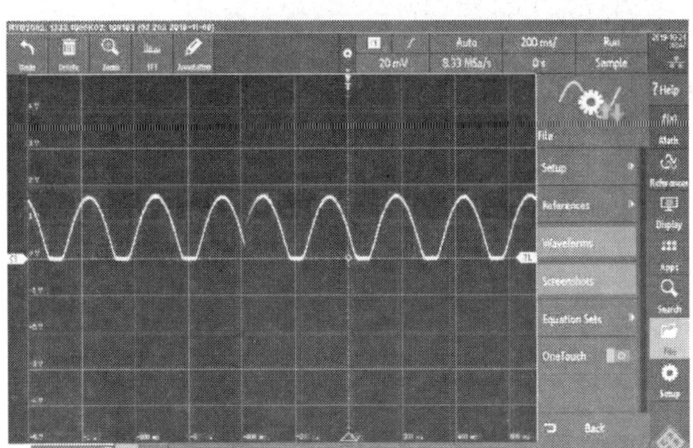

[그림 2-26]

④ 축전기를 저항기와 병렬로 연결하여 저항과 축전기에 인가된 전압을 오실로스코프로 측정한다. 최고 전압과 주기를 기록하고 파형의 스크린 샷을 저장한다([그림 2-27]).

⑤ 함수 파형 발생기에서 입력 주파수를 실제 가정의 입력 전압과 같은 60Hz로 인가한다. 저항과 축전기에 인가된 전압을 오실로스코프로 측정한다. 파형의 스크린샷을 저장한다([그림 2-28]).

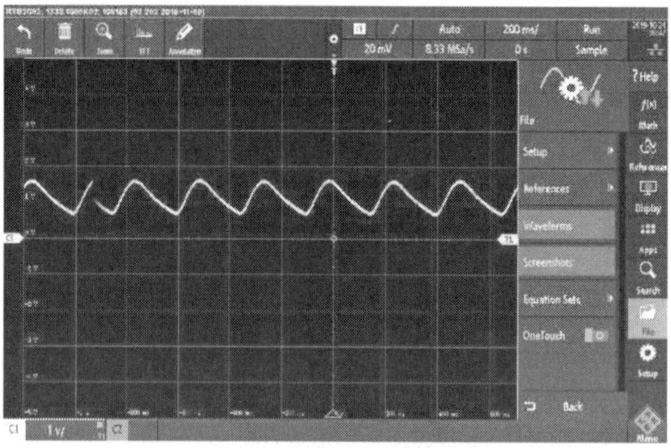

[그림 2-27]

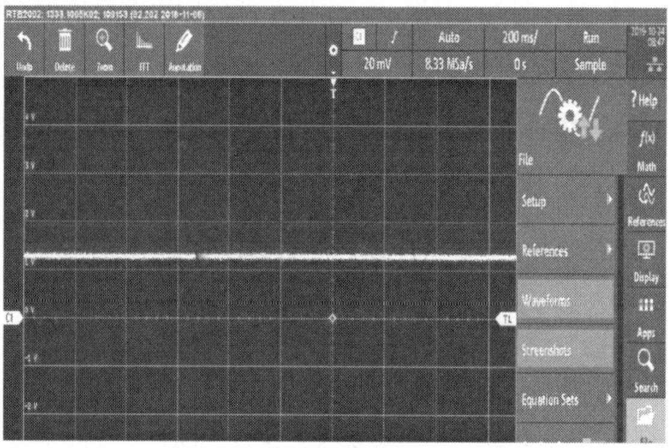

[그림 2-28]

⑥ 입력 전압 파형을 저장하고 오실로스코프의 REF 버튼을 눌러 파형을 기준 파형으로 입력하고 위의 출력전압을 측정하면 여러 개의 파형을 동시에 확인할 수 있다.

예비보고서

2-5 교류 전압 정류

<table>
<tr><td>실험일시</td><td></td><td>학 과</td><td></td><td>담당교수</td><td></td></tr>
<tr><td rowspan="2">제출자</td><td>학 번</td><td>이 름</td><td>실 험 조</td><td colspan="2">공동실험자</td></tr>
<tr><td></td><td></td><td></td><td colspan="2"></td></tr>
</table>

1. 이론 요약 (측정값과 결과값을 중심으로)

2. 실험 방법 (실제 실험 중심으로 요약)

결과보고서

2-5 교류 전압 정류

1. 교류 파형의 반파 정류 실험

1) 실험 측정값 기록

입력 전압 V_{pp} :　　　　　　V,　주파수 f :　　　　　　Hz

	반도체 다이오드 (　　　　　)	저 항 (　　　　　Ω)	축전기 (　　　　　μF)
전압 [V]			
주기 [s]			
주파수 [Hz]			

2) 반파 정류 회로에서 입력 전압, 다이오드 전압, 저항기 전압의 전압-시간 그래프를 첨부하시오.

3) 반파 정류 회로에서 입력 전압, 다이오드 전압과 저항기 전압 파형의 관계를 설명하시오.

4) 축전기를 추가한 전압-시간 그래프를 첨부하시오(2.0Hz와 60.0Hz).

5) 저항만 있을 때의 파형과, 축전기가 추가된 전압의 파형의 차이점과 이유를 설명하시오.

2. 교류 파형의 정파 정류 실험

1) 실험 측정값 기록(반도체 다이오드 :)

입력 전압 V_{pp} : V, 주파수 f : Hz

	저 항 (Ω)	축전기 (μF)
전압 [V]		
주기 [s]		
주파수 [Hz]		

2) 정파 정류 회로에서 입력 전압, 저항기 전압의 전압-시간 그래프를 첨부하시오.

3) 정파 정류 회로에서 입력 전압과 저항기 전압 파형의 관계를 설명하시오.

4) 축전기를 추가한 전압-시간 그래프를 첨부하시오(2.0Hz와 60.0 Hz).

5) 저항만 있을 때의 파형과, 축전기가 추가된 전압의 파형의 차이점과 이유를 설명하시오.

3. 고찰 (이론값과 측정값의 오차와 원인을 중심으로)

2-6 패러데이의 유도 법칙(변압기)

실험 목적

두개의 코일을 이용하여 변압기는 어떻게 교류 전압을 증가시키거나 감소시키기 위해 사용되는지 이해한다. 패러데이의 법칙으로 유도 전압이 생성되는 원리를 이해한다.

1. 배경 이론

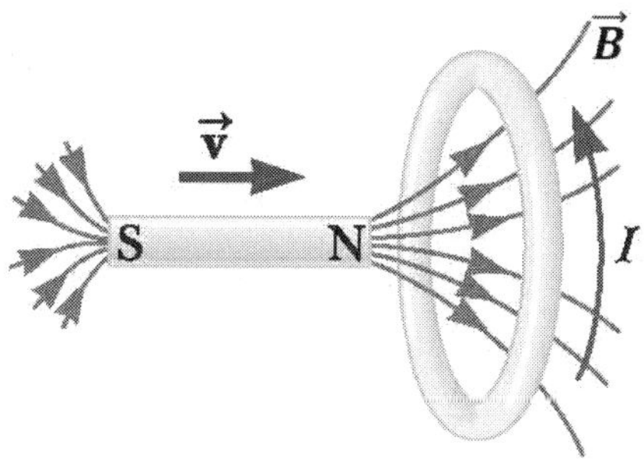

[그림 2-29] 자석의 N극이 가까워지거나 멀어지면 도선 고리에 전류가 흐름

[그림 2-29]와 같이 자석의 N극을 도선 고리에 접근시키면 전류가 흐르게 되는데, 이것을 자기유도현상이라 한다. 이때 유도되는 전류는 유도 기전력(induced emf, ε)에 의해 발생되었으므로 유도전류라고 한다. 유도 기전력의 세기는 도선 고리의 단면적을 통과하는 자기선속(Φ_B)의 시간 변화율과 도선 고리의 개수(N)에 비례하여 발생하며, 이를 패러데이의 유도법칙이라 한다.

$$\epsilon = -N\frac{\Delta\Phi_B}{\Delta t} \qquad 식(2\text{-}10)$$

$\Phi_B = BA\cos\theta$ 이므로, 시간에 대해 자기장의 크기 B, 도선 고리의 단면적 A 또는 도선 고리면의 법선 방향과 자기장의 방향 사이의 각 θ의 변화는 기전력을 유도한다.

식(2-10)의 음의 부호는 전류의 방향이 자기선속의 변화를 줄이는 방향으로 기전력이 유도되는 렌츠의 법칙을 설명한다.

코일에 전류를 흐르게 하면 자기장이 유도되어 전자석이 된다. 코일에 주기적으로 전류의 방향이 변하는 교류 전류를 흐르게 하면 마치 자석이 회전하는 것처럼 자석의 극이 주기적으로 바뀌게 된다. 교류 전류(I_1)가 흐르는 코일(1차 코일) 주위에 다른 코일(2차 코일)을 가져가면 2차 코일에 자속의 변화가 생겨 유도 기전력이 발생한다. 유도 기전력은 유도되는 2차 코일의 단면적($A_2 = \pi r_2^2$)과 감긴 코일의 수(N_2)에 비례한다. 1차 코일에 생성되는 자기장의 세기는 $B_1 = \mu_0 N_1 I_1 / L_1$ 이므로, 2차 코일에 유도되는 유도 기전력($\epsilon = \Delta V_2$) 은 다음과 같다.

$$\Delta V_2 = -N_2\frac{d\Phi_B}{dt} = -N_2\frac{d(B_1A_2)}{dt} = -N_2\frac{d(\mu_0 N_1 I_1 A_2)}{L_1 dt} = -\mu_0\frac{N_1N_2A_2}{L_1}\left(\frac{dI_1}{dt}\right) = -\mu_0\frac{N_1N_2A_2}{L_1}\left(\frac{d\Delta V_1}{Rdt}\right)$$

만약 자기선속의 손실이 없다면 위의 식은 아래와 같이 간단하게 정리된다.

$$\Delta V_2 = \frac{N_2}{N_1}\Delta V_1 \qquad 식(2\text{-}11)$$

이와 같이 유도 현상을 이용해 교류 전압을 증가시키거나 감소시키는 장치가 변압기이다. 교류 전압이 인가되는 변압기의 1차 코일은 자기선속의 손실을 줄이기 위해 2차 코일에 둘러싸여 있지만, 직접적인 전기적 연결은 되어있지 않다. 만약 2차 코일에 감긴 선의 회수가 1차 코일보다 크다면, 2차 코일에 유도된 전압은 1차 코일에서의 전압보다 클 것이다. 이를 승압변압기라 한다. 반대로 2차 코일에 감긴 회수가 1차 코일에서의 회수보다 작다면 전압은 감소할 것이다. 이를 강압변압기라 한다.

철이나 철을 함유한 금속으로 만들어진 철심은 2차 코일에 영향을 미치는 자기선속의 크기를 변화시킬 수 있다.

2. 실험 기구 및 재료

함수파형 발생기(AFG-2005), 오실로스코프(RTB-2000), 솔레노이드 세트(1차 코일 1개, 2차 코일 5개, 철심), 디지털 멀티미터, 연결 전선들

3. 실험 방법

1차 코일을 함수파형 발생기에 연결하고 오실로스코프와 연결된 2차 코일을 1차 코일 내부에 삽입하여 유도된 기전력을 확인한다. 자기선속의 손실을 확인하기 위해 코일 내에 철심이 있을 때와 없을 때의 유도 전압을 비교한다.

오실로스코프에 높은 전류가 흐르면 오류가 발생할 위험이 있으므로 코일의 저항을 확인하여 0.5 A 이상의 전류가 흐르지 읺도록 입력 전압을 조정한다.

1) 승압 변압기

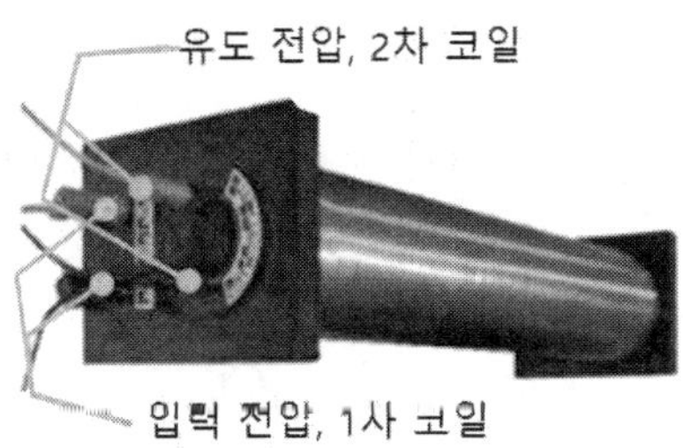

[그림 2-30] 솔레노이드

① 1차 코일의 감긴 수 N_1, 길이 L_1, 코일 반지름 r_1과 저항 R_1을 기록한다.

② 함수파형 발생기 주 출력 포트와 1차 코일을 연결한다.

③ 1차 코일의 보다 감긴 수가 많은 2차 코일을 선택해서 감긴 수 N_2, 길이 L_2, 코일 반지름 r_2과 저항 R_2을 기록하고 1차 코일 안으로 넣는다.

④ 2차 코일 안에 철심을 넣는다.

⑤ 오실로스코프의 채널 1과 2차 코일을 연결한다.

⑥ 함수파형 발생기의 전원을 키고 출력 파형, 출력전압 V_{pp} 및 출력 주파수를 설정하고 출력 제어키(OUTPUT 버튼)를 눌러 교류 전압을 출력시킨다.

⑦ 오실로스코프의 전원을 켜고 디스플레이가 켜지도록 잠시 기다린다.

⑧ 그래프의 파형이 잘 보이도록 수평(Horizontal)과 수직(Vertical) 제어판의 스케일(Scale)과 위치(Position)을 조절한다.

⑨ 트리거(Trigger) 기능 블록의 RUN STOP 버튼을 눌러 연속 신호를 멈춰 고정시킨다.

⑩ USB 저장장치를 설치하고 Action 영역의 사진기 버튼을 눌러 스크린 샷을 저장한다.

⑪ 오실로스코프의 디스플레이에 나타난 유도 전압과 주기를 측정한다.

$주파수 = \frac{1}{주기}$ 의 식을 이용하여 주파수를 계산한다.

⑫ 함수파형 발생기와 오실로스코프를 직접 연결하여 파형을 확인하고 스크린 샷을 저장한다.

⑬ 입력 교류 전압의 전압과 주기를 측정하고, $주파수 = \frac{1}{주기}$ 의 식을 이용하여 주파수를 계산한다.

⑭ 입력 전압과 유도 전압의 크기와 주파수를 비교한다.

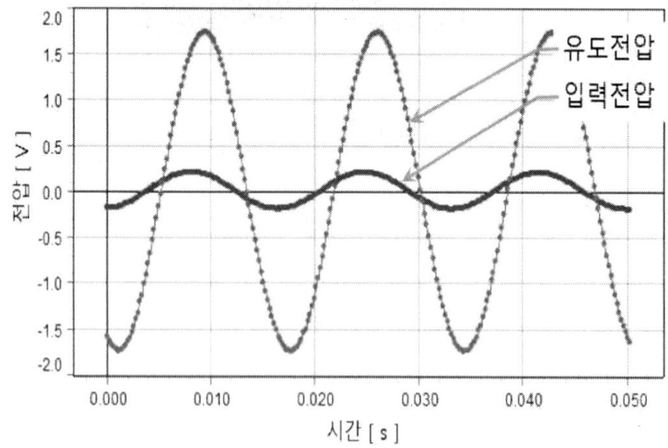

[그림 2-31] 철심이 있는 승압 변압기

⑮ 입력 전압 파형을 미리 저장하고 오실로스코프의 REF 버튼을 눌러 파형을 기준 파형으로 입력하고 위의 유도 전압을 측정하면 아래와 같이 두 개의 파형을 동시에 확인할 수 있다.

⑯ 식(2-11)를 이용하여 유도 전압의 이론값을 계산하여 측정값과 비교한다.

⑰ 철심을 빼고 위의 과정을 반복한다.

2) 강압 변압기

① 1차 코일의 감긴 수 N_1, 길이 L_1, 코일 반지름 r_1과 저항 R_1을 기록한다.

② 함수파형 발생기 주 출력 포트와 1차 코일을 연결한다.

③ 1차 코일의 보다 감긴 수가 적은 2차 코일을 선택해서 감긴 수 N_2, 길이 L_2, 코일 반지름 r_2과 저항 R_2을 기록하고 1차 코일 안으로 넣는다.

④ 2차 코일 안에 철심을 넣는다.

⑤ 승압 변압기의 측정 방법과 같은 방법으로 측정한다.

⑥ 입력전압 파형을 미리 저장하고 오실로스코프의 REF 버튼을 눌러 파형을 기준 파형으로 입력하고 위의 유도전압을 측정하면 아래와 같이 두 개의 파형을 동시에 확인할 수 있다.

⑦ 식(2-11)을 이용하여 유도 전압의 이론값을 계산하여 측정값과 비교한다.

⑧ 철심을 빼고 위의 과정을 반복한다.

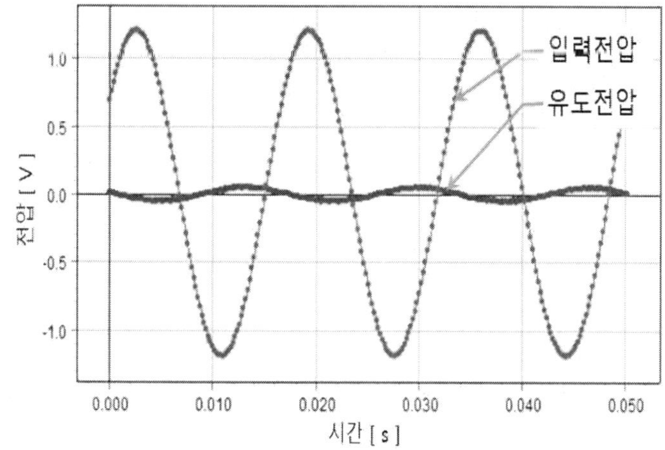

[그림 2-32] 철심이 있는 강압 변압기

예비보고서

2-6 패러데이의 유도 법칙(변압기)

<table>
<tr><td>실험일시</td><td></td><td>학 과</td><td></td><td>담당교수</td><td></td></tr>
<tr><td rowspan="2">제출자</td><td>학 번</td><td>이 름</td><td>실 험 조</td><td colspan="2">공동실험자</td></tr>
<tr><td></td><td></td><td></td><td colspan="2"></td></tr>
</table>

1. 이론 요약 (측정값과 결과값을 중심으로)

2. 실험 방법 (실제 실험 중심으로 요약)

결과보고서

2-6 패러데이의 유도 법칙(변압기)

1. 승압 변압기

1) 코일 정보 기록

1차 코일		2차 코일	
감긴 수 N_1		감긴 수 N_2	
길이 $L_1\,[cm]$		길이 $L_2\,[cm]$	
코일 반지름 $r_1\,[cm]$		코일 반지름 $r_2\,[cm]$	
저항 $R_1\,[\Omega]$		저항 $R_2\,[\Omega]$	

2) 실험 측정값 기록

	1차 코일		2차 코일	
철심이 있을 때	입력 전압 $V_1\,[V]$		유도 전압 $V_2\,[V]$	
	주기 $T_1\,[s]$		주기 $T_2\,[s]$	
	주파수 $f_1\,[Hz]$		주파수 $f_2\,[Hz]$	
철심이 없을 때	입력 전압 $V_1\,[V]$		유도 전압 $V_2\,[V]$	
	주기 $T_1\,[s]$		주기 $T_2\,[s]$	
	주파수 $f_1\,[Hz]$		주파수 $f_2\,[Hz]$	

3) 2차 코일 유도전압의 이론값에 대한 측정값의 오차를 계산하시오.

4) 철심이 있을 때와 없을 때 유도 전압을 비교하라.

2. 강압 변압기

1) 코일 정보 기록

1차 코일		2차 코일	
감긴 수 N_1		감긴 수 N_2	
길이 $L_1\,[cm]$		길이 $L_2\,[cm]$	
코일 반지름 $r_1\,[cm]$		코일 반지름 $r_2\,[cm]$	
저항 $R_1\,[\Omega]$		저항 $R_2\,[\Omega]$	

2) 실험 측정값 기록

	1차 코일		2차 코일	
철심이 있을 때	입력 전압 $V_1\,[V]$		유도 전압 $V_2\,[V]$	
	주기 $T_1\,[s]$		주기 $T_2\,[s]$	
	주파수 $f_1\,[Hz]$		주파수 $f_2\,[Hz]$	
철심이 없을 때	입력 전압 $V_1\,[V]$		유도 전압 $V_2\,[V]$	
	주기 $T_1\,[s]$		주기 $T_2\,[s]$	
	주파수 $f_1\,[Hz]$		주파수 $f_2\,[Hz]$	

3) 2차 코일 유도전압의 이론값에 대한 측정값의 오차를 계산하시오.

4) 철심이 있을 때와 없을 때 유도 전압을 비교하라.

3. 고찰 (이론값과 측정값의 오차와 원인을 중심으로)

2-7 직렬 교류 회로 : RLC, RL, RC 회로의 임피던스

실험 목적

저항, 코일, 축전기로 구성된 직렬 회로에서 교류 전압이 인가되었을 때 교류회로의 특성을 이해하고, 직렬 R-L-C 회로들의 임피던스를 살펴본다.

1. 배경 이론

교류 회로는 직류 회로와 다르게 전압과 전류가 시간에 따라 변한다. 교류 회로에서의 전압과 전류는 다음과 같이 표현된다.

$$\Delta v = \Delta V_0 \sin \omega t \qquad 식(2-12)$$

$$i = I_0 \sin \omega t + \phi$$

여기서 ΔV_0와 I_0는 전압과 전류의 최댓값이며, $\omega - 2\pi / T - 2\pi f$ 로 표시되는 각진동수이고, f는 주파수이며, ϕ는 전압에 대한 전류의 위상이다.

[그림 2-33]에서 저항 R, 인덕터 L, 축전기 C에 걸리는 전압 ΔV_R, ΔV_L, ΔV_C는 다음과 같다.

저항에 걸리는 전압의 위상은 교류 전원의 위상과 같기 때문에 $\phi = 0$이다.

$$\Delta V_R = iR = RI_0 \sin(\omega t) = \Delta V_{R,\max} \sin(\omega t) \qquad 식(2-13)$$

$$\Delta V_L = L\frac{di}{dt} = \omega L_0 I \cos(\omega t) = \omega L I_0 \sin(\omega t + \frac{\pi}{2}) = \Delta V_{L,\max} \sin(\omega t + \frac{\pi}{2}) \qquad 식(2-14)$$

$$\Delta V_C = \frac{1}{C}\int dq = \frac{1}{C}\int idt = -\frac{I_0}{\omega C} cos(\omega t) = \frac{I_0}{\omega C}\sin(\omega t - \frac{\pi}{2}) = \Delta V_{C,\max} \sin(\omega - \frac{\pi}{2}) \qquad 식(2-15)$$

ΔV_L과 ΔV_C는 ΔV_R에 대해 각각 $\pi/2$와 $-\pi/2$의 위상차가 난다. 각 회로에서 전압과 전류의 위상 관계는 [그림 2-33]에 나타나 있다.

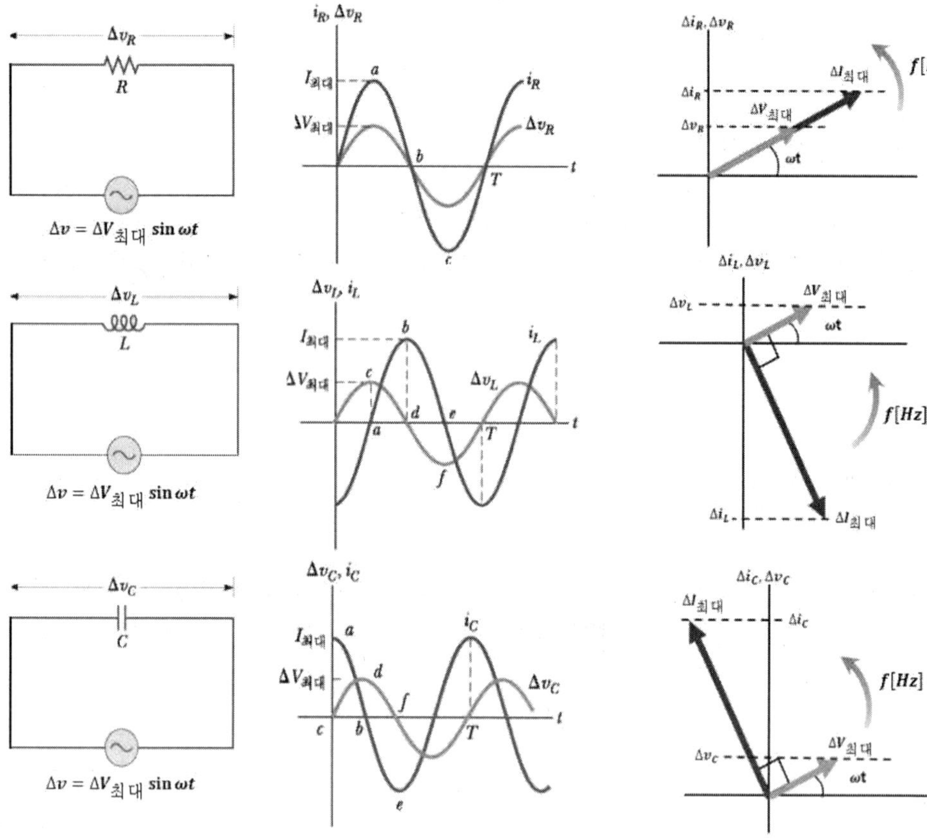

[그림 2-33] 교류 회로에서 시간에 대한 소자 전압과 위상의 관계

RLC 직렬 회로의 경우 회로의 전체 전압은 다음과 같다.

$$\Delta \overrightarrow{V}_{RLC} = \Delta \overrightarrow{V}_R + \Delta \overrightarrow{V}_L + \Delta \overrightarrow{V}_C = \Delta V_{최대} \sin(\omega t + \psi)$$

여기서 ψ는 교류 회로에서 $t=0$일 때 위상자와 $x-$축 사이의 위상각이다. [그림 2-34]에 RLC 직렬 회로에서 전압 사이의 위상 관계가 나타나 있다. 이 경우 임피던스는 다음과 같이 정의된다.

$$\Delta V_{RLC} \equiv I_0 Z_{RLC}$$

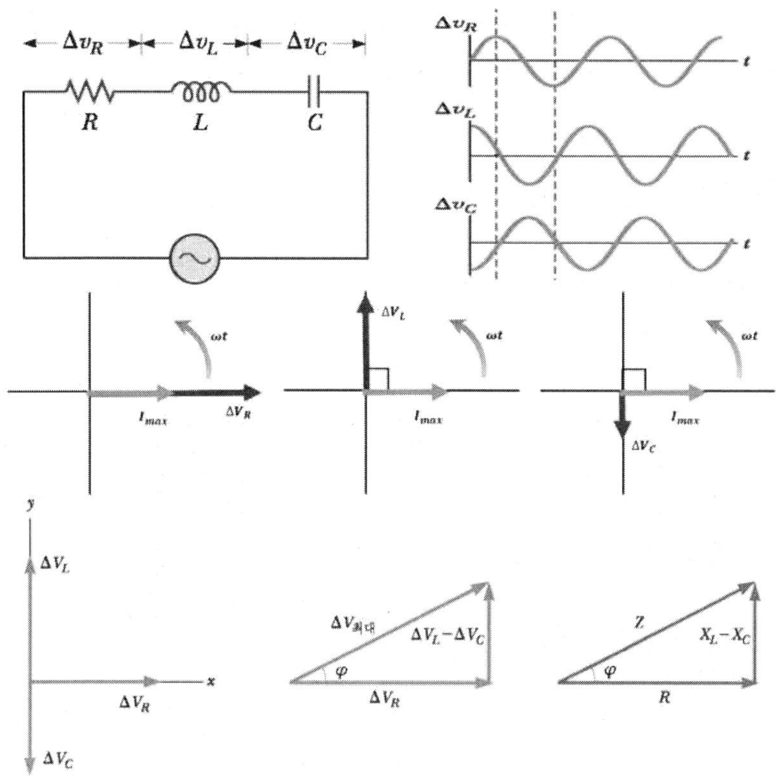

[그림 2-34] RLC 회로의 임피던스와 위상 관계

RLC 회로의 교류 전압의 최댓값은 다음과 같다.

$$\Delta V_{RLC} = \sqrt{\Delta V_{R,\max}^2 + (\Delta V_{L,\max} - \Delta V_{C,\max})^2} = I_0 Z_{RLC} \qquad \text{식(2-16)}$$

따라서 임피던스와 위상은 다음과 같이 주어진다.

$$Z_{RLC} = \sqrt{R^2 + \left(\omega L - \frac{1}{\omega C}\right)^2} \equiv \sqrt{R^2 + (X_L - X_C)^2} \qquad \text{식(2-17)}$$

$$\psi = \tan^{-1}\left(\frac{R}{X_L - X_C}\right) \qquad \text{식(2-18)}$$

여기서 X_L과 X_C는 유효 저항에 해당하며 인덕터의 유도 리액턴스와 축전기의 용량 리액턴스라 부른다.

이 실험에서는 R, L, C, R-L, R-C, R-L-C 직렬회로에서 각 소자의 전압, 전체 소자의 전압과 각 회로의 임피던스와 위상을 알아보고자 한다.

2. 실험 기구 및 재료

함수파형 발생기(AFG-2005), 오실로스코프(RTB-2000), RLC 회로판, 저항, 축전기, 인덕터, 디지털 멀티미터, 연결 전선들 (브래드 보드)

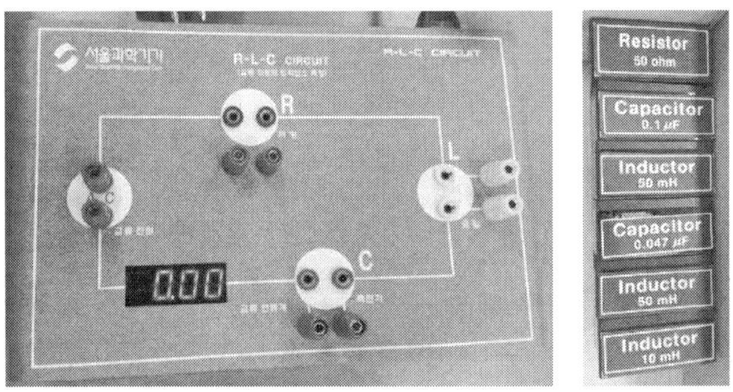

[그림 2-35] RLC 회로판과 소자들

3. 실험 방법

RLC 회로판을 사용할 때, 전자 소자 중 한 가지 또는 두 가지만 사용할 경우 사용하지 않는 전기 소자의 위치는 전선이 단락 된 상태이므로 바나나 플러그 패치코드로 연결하여야 전류가 흐른다. 예를 들어 R-C 회로를 구성하여 저항과 축전기를 삽입한 상태에서 인덕터의 위치에 바나나 플러그 패치코드를 삽입하여 전선을 연결하여야 전류가 흘러 실험이 가능하다.

RLC 회로판을 사용하지 않을 경우, 브래드 보드에 회로를 구현하여 실험이 가능하다. 이 때 디지털 멀티미터를 회로와 직렬 연결하여 전류계로 사용한다.

1) 전기회로 소자의 전압과 위상(저항 R, 인덕터 L, 축전기C)

① 함수파형 발생기와 오실로스코프를 직접 연결한다.

② 함수파형 발생기의 전원을 키고 출력 파형, 출력전압 V_{pp} 및 출력 주파수를 설정

하고 출력 제어키(OUTPUT 버튼)를 눌러 교류 전압을 출력시킨다(예 : 사인파, $V_{pp}=3.0V$, 주파수=60.0Hz).

③ 오실로스코프의 전원을 켜고 디스플레이가 켜지도록 잠시 기다린다.

④ 그래프의 파형이 잘 보이도록 수평(Horizontal)과 수직(Vertical) 제어판의 스케일(Scale)과 위치(Position)을 조절한다.

⑤ 트리거(Trigger) 기능 블록의 RUN STOP 버튼을 눌려 연속 신호를 멈춰 고정시킨다.

⑥ USB 저장장치를 설치하고 Action 영역의 사진기 버튼을 눌러 스크린 샷을 저장한다.

⑦ 오실로스코프의 REF 버튼을 눌러 파형을 기준 파형으로 입력한다.

⑧ RLC 회로판에 함수파형 발생기와 저항을 연결한다.

⑨ 오실로스코프의 채널 1과 저항을 연결하여 [그림 2-36]의 회로를 구현한다(그림에서 OSC는 오실로스코프의 약자이다).

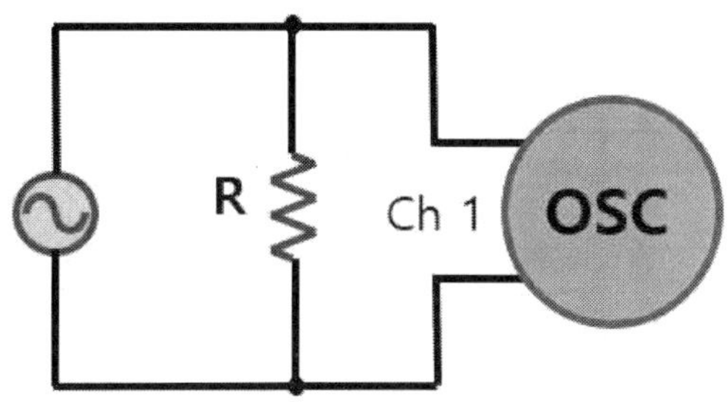

[그림 2-36]

⑩ 함수파형 발생기의 출력 제어키를 눌러 교류 전압을 회로에 인가한다.

⑪ 오실로스코프에서 저항 전압 ΔV_R을 확인, 저장하고 전압과 주기를 기록한다.

⑫ 기순파형을 불러와 저항 전압 파형과 비교하여 시간차(Δt)를 측정한다.

⑬ 전류계의 전류값을 기록하고, 옴의 법칙을 이용하여 저항을 계산한다.

⑭ 주파수는 주기의 역수 $\left(f=\frac{1}{T}\right)$임을 이용하여 주파수를 계산하고, 위상각을 다음과 같이 계산한다.

$$\psi=\omega(\Delta t)=2\pi f(\Delta t)=\frac{2\pi}{T}(\Delta t)$$

⑮ 회로판에서 저항을 제거하고 인덕터를 연결하여 인덕터의 전압 ΔV_L을 확인, 저장하고 전압과 주기, 시간차를 기록한다.

⑯ 회로판에서 인덕터를 제거하고 축전기를 연결하여 축전기의 선압 ΔV_C을 확인, 저장하고 전압과 주기, 시간차를 기록한다.

⑰ 각각 전류를 기록하고, 옴의 법칙을 이용하여 용량 리액턴스와 유도 리액턴스를 계산한다.

⑱ 주파수와 위상각을 각각 계산한다.

위 실험으로 입력 전압과 저항 전압의 위상이 같음을 확인할 수 있다.

2) R-C 회로

① 회로판에 저항과 축전기를 삽입하고 함수파형 발생기를 연결한다.

② [그림 2-37](a)의 회로를 구현한다. 오실로스코프의 채널 1과 저항을 연결하고, 채널 2의 +단자(빨간색 집게)는 축전기에, -단자(검정색 집게)는 저항과 연결한 채널 1의 -단자(검정색 집게)와 연결하여 접지를 하나로 연결한다.

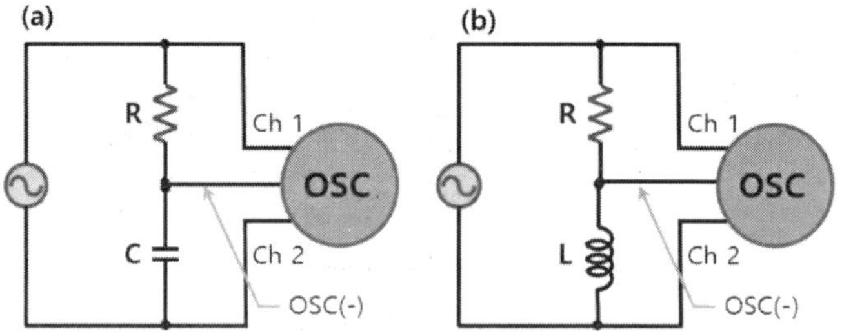

[그림 2-37]

③ 함수파형 발생기의 전원을 키고 출력 파형, 출력전압 V_{pp} 및 출력 주파수를 설정하고 출력 제어키(OUTPUT 버튼)를 눌러 교류 전압을 출력시킨다(예 : 사인파, $V_{pp} = 3.0\,V$, 주파수=60.0Hz)

④ 오실로스코프의 전원을 켜고 채널 1의 그래프 파형이 잘 보이도록 수평(Horizontal)과 수직(Vertical) 제어판의 스케일(Scale)과 위치(Position)을 조절한다.

⑤ 출력 파형 (저항 전압 ΔV_R)을 저장한다.

⑥ 오실로스코프의 채널 1 버튼을 눌러 비활성화 시키고, 채널 2 버튼을 눌러 활성화시켜 그래프 파형이 잘 보이도록 제어판을 조절한다.

⑦ 출력 파형(축전지 전압 ΔV_C)을 저장한다.

⑧ 채널 1과 채널 2를 모두 활성화시켜 저항과 축전기의 전압 파형을 동시에 확인하고 두 파형의 시간차(Δt_{RC})를 측정한다.

⑨ 주파수는 주기의 역수$\left(f=\frac{1}{T}\right)$임을 이용하여 주파수를 계산하고, 위상각을 다음과 같이 계산한다. $\psi=\omega(\Delta t)=2\pi f(\Delta t)=\frac{2\pi}{T}(\Delta t)$

⑩ 채널2와 회로판의 연결을 제거하고 채널 1을 저항과 축전기의 양단에 연결한다.

⑪ 오실로스코프의 출력파형(전체 전압 ΔV_{RC})을 저장한다.

⑫ 전류계의 전류값을 기록하고, 옴의 법칙을 이용하여 임피던스를 계산하여 이론값과 비교한다.

⑬ 함수파형 발생기의 출력 전압을 고정하고, 주파수를 변화하며($60.0Hz \sim 1kHz$) 위의 과정을 반복한다.

⑭ 함수파형 발생기의 주파수를 고정하고, 출력 전압을 변화하며($3.00V \sim 10.0V$) 위의 과정을 반복한다.

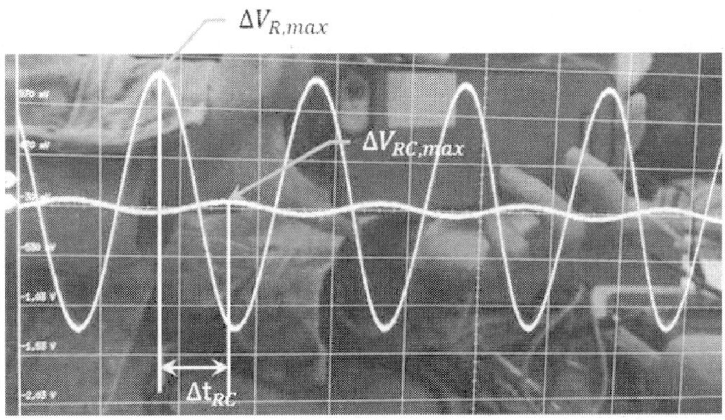

[그림 2-38] R-C 회로의 2중 파형과 시간차($\Delta \mathbf{t}_{RC}$)

3) R-L 회로

① 회로판에 저항과 인덕터를 삽입하고 함수파형 발생기를 연결한다.

② [그림 2-37](b)의 회로를 구현한다. 오실로스코프의 채널 1과 저항을 연결하고, 채널 2의 +단자(빨간색 집게)는 인덕터에 -단자(검정색 집게)는 저항과 연결한 채널 1의 -단자(검정색 집게)와 연결하여 접지를 하나로 연결한다.

③ 함수파형 발생기의 전원을 켜고 출력 파형, 출력전압 V_{pp} 및 출력 주파수를 설정하고 출력 제어키(OUTPUT 버튼)를 눌러 교류 전압을 출력시킨다(예 : 사인파, $V_{pp}=3.0V$, 주파수=60.0Hz)

④ R-C회로 실험과 동일한 방법으로 저항전압(ΔV_R), 인덕터 전압(ΔV_L), 전체 전

압(ΔV_{RL}) 및 전류(I)와 위상차(Δt_{RL})를 측정한다.

⑤ 임피던스와 위상차를 계산하고 이론값과 비교한다.

⑥ 함수파형 발생기의 출력 전압을 고정하고, 주파수를 변화하며($60.0Hz \sim 1kHz$) 위의 과정을 반복한다.

⑦ 함수파형 발생기의 주파수를 고정하고, 출력 전압을 변화하며($3.00V \sim 10.0V$) 위의 과정을 반복한다.

4) R-L-C 회로

① 회로판에 저항과 인덕터, 축전기를 삽입하고 함수파형 발생기를 연결한다.

② 오실로스코프의 채널 1과 저항을 연결하고, 채널 2의 +단자(빨간색 집게)는 축전기에, -단자(검정색 집게)는 저항과 연결한 채널 1의 -단자(검정색 집게)와 연결하여 접지를 하나로 연결한다.

③ 함수파형 발생기의 전원을 키고 출력 파형, 출력전압 V_{pp} 및 출력 주파수를 설정하고 출력 제어키(OUTPUT 버튼)를 눌러 교류 전압을 출력시킨다(예 : 사인파, $V_{pp} = 3.0V$, 주파수=60.0Hz).

④ 오실로스코프의 전원을 켜고 채널 1의 출력 파형(저항 전압 ΔV_R)을 저장한다.

⑤ 오실로스코프의 채널 1 버튼을 눌러 비활성화 시키고, 채널 2 버튼을 눌러 활성화시켜 출력파형(LC 전압 ΔV_{LC})을 저장한다.

⑥ 채널 1과 채널 2를 모두 활성화시켜 저항과 축전기의 전압 파형을 동시에 확인하고 두 파형의 시간차(Δt_{RLC})를 측정한다.

⑦ 주파수는 주기의 역수$\left(f - \dfrac{1}{T}\right)$임을 이용하여 주파수를 계산하고, 위상각을 계산한다.

⑧ 채널2와 회로판의 연결을 제거하고 채널 1을 저항과 축전기의 양단에 연결한다.

⑨ 오실로스코프의 출력 파형(전체 전압 ΔV_{RLC})을 저장한다.

⑩ 전류계의 전류값을 기록하고, 옴의 법칙을 이용하여 임피던스를 계산하여 이론값과 비교한다.

⑪ 함수파형 발생기의 출력 전압을 고정하고, 주파수를 변화하며($60.0Hz \sim 1kHz$) 위의 과정을 반복한다.

⑫ 함수파형 발생기의 주파수를 고정하고, 출력 전압을 변화하며($3.00V \sim 10.0V$) 위의 과정을 반복한다.

예비보고서

2-7 직렬 교류 회로 : RLC, RL, RC 회로의 임피던스

<table>
<tr><td>실험일시</td><td></td><td>학 과</td><td></td><td>담당교수</td><td></td></tr>
<tr><td rowspan="2">제출자</td><td>학 번</td><td>이 름</td><td>실 험 조</td><td colspan="2">공동실험자</td></tr>
<tr><td></td><td></td><td></td><td colspan="2"></td></tr>
</table>

1. 이론 요약 (측정값과 결과값을 중심으로)

2. 실험 방법 (실제 실험 중심으로 요약)

결과보고서

2-7 직렬 교류 회로 : RLC, RL, RC 회로의 임피던스

1. 전기 회로 소자의 전압과 위상(저항 R, 인덕터 L, 축전기C)

1) 실험 측정값 기록

입력 전압 V_{pp} : V, 입력 주파수 f : Hz

	전류 $I\,[mA]$	주기 $T\,[s]$	출력 전압 $\Delta V\,[V]$	시간차 $\Delta t\,[s]$
저항 R (Ω)				
인덕터 L (mH)				
축전기 C (μF)				

	측정 임피던스 [Ω] $Z = \Delta V / I$	임피던스 $Z_{이론}$ [Ω]	임피던스 오차 [%]	위상차 $\psi\,[\,^\circ\,]$
저항		R = Ω		
인덕터		X_L= Ω		
축전기		X_C= Ω		

2) 입력 전압과 저항 전압, 인덕터 전압, 축전기 전압의 전압 크기를 비교하고 위상 차를 설명하라.

3) 입력 주파수와 측정된 주파수는 차이가 있는가? 있다면 이유를 설명하라.

2. R-C 회로

1) 입력 전압이 일정할 때

입력 전압 V_{pp} :　　　V,　저항 R :　　　Ω,　축전기 C :　　　μF

입력 주파수 $f\,[Hz]$	전류 $I\,[mA]$	주기 $T\,[s]$	저항 전압 $\Delta V_R\,[V]$	축전기 전압 $\Delta V_C\,[V]$	전체 전압 $\Delta V_{RC}\,[V]$	시간차 $\Delta t\,[s]$

입력 주파수 $f\,[Hz]$	측정 임피던스 [Ω] $Z_{RC} = \Delta V_{RC}/I$	임피던스 $Z_{이론}$ [Ω] $Z_{RC} = \sqrt{R^2 + X_C^2}$	임피던스 오차 [%]	위상차 $\psi_{RC}\,[^\circ]$

2) 입력 전압과 회로의 전체 전압 ΔV_{RC}을 비교하라.

$$\Delta V_{RC} = \sqrt{\Delta V_R^2 + \Delta V_C^2}$$

3) 입력 주파수의 변화와 임피던스의 관계를 설명하라.

4) 입력 주파수가 일정할 때

입력 주파수 f : Hz, 저항 R : Ω, 축전기 C : μF

입력 전압 $V_{pp}\,[V]$	전류 $I\,[mA]$	주기 $T\,[s]$	저항 전압 $\Delta V_R\,[V]$	축전기 전압 $\Delta V_C\,[V]$	전체 전압 $\Delta V_{RC}\,[V]$	시간차 $\Delta t\,[s]$

입력 전압 $V_{pp}\,[V]$	측정 임피던스 [Ω] $Z_{RC} = \Delta V_{RC}/I$	임피던스 $Z_{이론}$ [Ω] $Z_{RC} = \sqrt{R^2 + X_C^2}$	임피던스 오차 [%]	위상차 $\psi_{RC}\,[\,^\circ\,]$

5) 입력 전압과 회로의 전체 전압 $\triangle V_{RC}$을 비교하라.

6) 입력 전압의 변화와 임피던스의 관계를 설명하라.

3. R-L 회로

1) 입력 전압이 일정할 때

입력 전압 V_{pp} : V, 저항 R : Ω, 인덕터 L : mH

입력 주파수 $f\,[Hz]$	전류 $I\,[mA]$	주기 $T\,[s]$	저항 전압 $\Delta V_R\,[V]$	인덕터 전압 $\Delta V_L\,[V]$	전체 전압 $\Delta V_{RL}\,[V]$	시간차 $\Delta t\,[s]$

입력 주파수 $f\,[Hz]$	측정 임피던스 $[\Omega]$ $Z_{RL} = \Delta V_{RL}/I$	임피던스 $Z_{이론}\ [\Omega]$ $Z_{RL} = \sqrt{R^2 + X_L^2}$	임피던스 오차 [%]	위상차 $\psi_{RL}\,[^\circ]$

2) 입력 전압과 회로의 전체 전압 ΔV_{RL}을 비교하라.

$$\Delta V_{RL} = \sqrt{\Delta V_R^2 + \Delta V_L^2}$$

3) 입력 주파수의 변화와 임피던스의 관계를 설명하라.

4) 입력 주파수가 일정할 때

입력 주파수 f : Hz, 저항 R : Ω, 인덕터 L : mH

입력 전압 $V_{pp}\,[V]$	전류 $I\,[mA]$	주기 $T\,[s]$	저항 전압 $\Delta V_R\,[V]$	인덕터 전압 $\Delta V_L\,[V$	전체 전압 $\Delta V_{RL}\,[V]$	시간차 $\Delta t\,[s]$

입력 전압 $V_{pp}\,[V]$	측정 임피던스 [Ω] $Z_{RL} = \Delta V_{RL}/I$	임피던스 $Z_{이론}$ [Ω] $Z_{RL} = \sqrt{R^2 + X_L^2}$	임피던스 오차 [%]	위상차 $\psi_{RL}\,[^\circ]$

5) 입력 전압과 회로의 전체 전압 ΔV_{RL} 을 비교하라.

6) 입력 전압의 변화와 임피던스의 관계를 설명하라.

4. R-L-C 회로

1) 입력 전압이 일정할 때

입력 전압 V_{pp} : V, 저항 R : Ω

인덕터 L : mH, 축전기 C : μF

입력 주파수 $f\ [Hz]$	전류 $I\ [mA]$	주기 $T\ [s]$	저항 전압 $\Delta V_R\ [V]$	LC 전압 $\Delta V_{LC}\ [V]$	전체 전압 $\Delta V_{RLC}\ [V]$	시간차 $\Delta t\ [s]$

입력 주파수 $f\ [Hz]$	측정 임피던스 [Ω] $Z_{RLC} = \Delta V_{RLC}/I$	임피던스 $Z_{이론}$ [Ω] $Z_{RLC} = \sqrt{R^2 + (X_L - X_C)^2}$	임피던스 오차 [%]	위상차 $\psi_{RLC}\ [^\circ]$

2) 입력 전압과 회로의 전체 전압 ΔV_{RLC}을 비교하라.

$$\Delta V_{RLC} = \sqrt{\Delta V_R^2 + (\Delta V_L - \Delta V_C)^2}$$

3) 입력 주파수의 변화와 임피던스의 관계를 설명하라.

4) 입력 주파수가 일정할 때

입력 주파수 f : V, 저항 R : Ω

인덕터 L : mH, 축전기 C : μF

입력 전압 V_{pp} [V]	전류 I[mA]	주기 T[s]	저항 전압 ΔV_R [V]	LC 전압 ΔV_{LC} [V]	전체 전압 ΔV_{RLC} [V]	시간차 Δt [s]

입력 전압 V_{pp} [V]	측정 임피던스 [Ω] $Z_{RLC} = \Delta V_{RLC}/I$	임피던스 $Z_{이론}$ [Ω] $Z_{RLC} = \sqrt{R^2 + (X_L - X_C)^2}$	임피던스 오차 [%]	위상차 ψ_{RLC} [°]

5) 입력 전압과 회로의 전체 전압 ΔV_{RLC} 을 비교하라.

6) 입력 전압의 변화와 임피던스의 관계를 설명하라.

5. 고찰 (이론값과 측정값의 오차와 원인을 중심으로)

측정된 임피던스와 이론 임피던스의 크기를 비교하고, 오차의 원인을 설명하라.

2-8 경계면에서의 빛의 성질

실험 목적

간단한 광학 기구를 이용해 서로 다른 매질의 경계면에서 빛의 반사와 굴절을 알아보고 파동의 기하학을 이해한다. 반사의 법칙, 굴절(스넬)의 법칙, 전반사와 반사 편광을 살펴본다.

1. 배경 이론

빛이 한 투명 매질에서 다른 투명 매질로 입사할 때, 두 매질 내에서의 빛의 속력이 다르기 때문에 빛이 굴절된다. 매질의 굴절률(Index of Refraction) n은 다음과 같이 정의된다.

$$n = \frac{\text{진공에서의 빛의 속력}}{\text{매질에서의 빛의 속력}} = \frac{c}{v} = \frac{\lambda_0 f_0}{\lambda f} = \frac{\lambda_0}{\lambda} \quad \text{식(2-19)}$$

여기서 c와 λ_0는 진공에서의 빛의 속력과 파장이고, v와 λ는 매질에서의 빛의 속력과 파장이다. 광선이 한 매질에서 다른 매질로 진행할 때 진동수는 일정하게 유지된다.($f_0 = f$) 따라서 진공 외의 매질의 굴절률은 항상 1 보다 크고, 파장의 길이가 짧을수록 굴절률은 커진다.

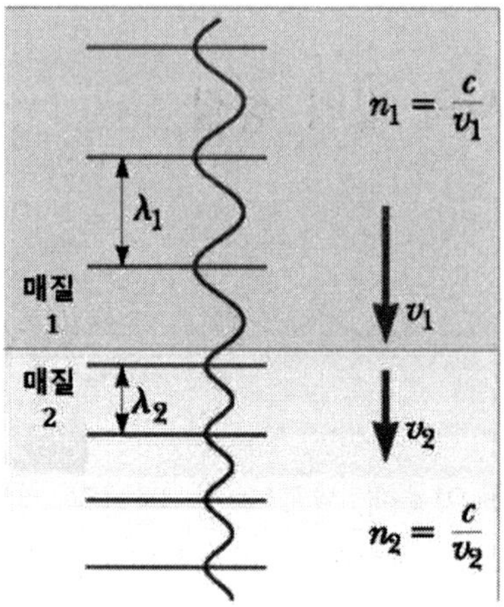

[그림 2-39] 매질 1에서 매질 2로 진행하는 파동

1) 빛의 반사와 굴절

한 매질에서 진행하는 빛이 다른 매질을 만나면 반사와 굴절 현상이 나타난다. 굴절 현상은 매질에서 빛의 속력이 달라지기 때문에 나타나는 현상이다. 빛은 파동운동의 한 형태로 가정한 호이겐스의 원리와 빛은 최단시간으로 이동할 수 있는 경로를 택한다는 페르마의 원리를 이용하여 이 현상을 이해할 수 있으며, 입사각과 반사각과의 관계 및 입사광과 굴절광의 관계를 얻을 수 있다.

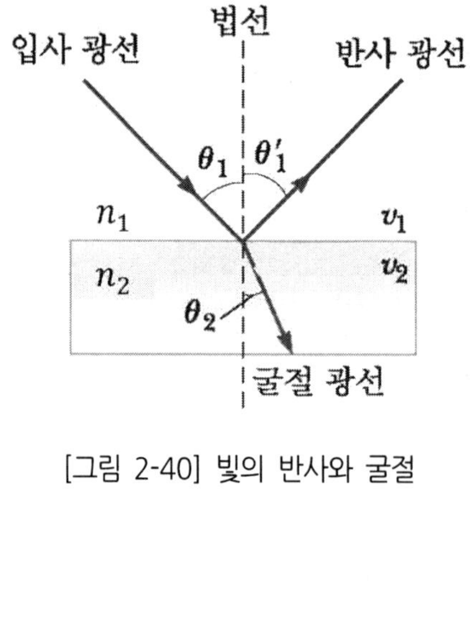

[그림 2-40] 빛의 반사와 굴절

[그림 2-40]과 같이 굴절률 n_1인 매질에서 굴절률 n_2인 매질로 빛이 입사할 때 빛은 아래의 반사의 법칙과 굴절의 법칙(스넬의 법칙)에 따라 진행한다. 이때 입사각 θ_1과 반사각 θ_1', 굴절각 θ_2은 경계면의 수직인 법선에 대한 입사 광선과 반사 광선, 굴절 광선의 각도이다.

$$\text{반사의 법칙} : \theta_1 = \theta_1' \qquad \text{식(2-20)}$$

$$\text{굴절의 법칙} : n_1 \sin\theta_1 = n_2 \sin\theta_2 \qquad \text{식(2-21)}$$

2) 전반사

굴절률이 큰 곳(밀한 매질)에서 작은 곳(소한 매질)으로 빛이 진행하는 경우, 빛의 굴절 현상이 없이 반사만 일어나는 현상을 전반사라고 한다. 매질에서 굴절 광선이 경계면과 평행하게 진행하는 굴절각 $\theta_2 = 90^\circ$ 인 입사각을 임계각(critical angle, θ_c)이라 하며, 임계각보다 큰 입사각에서는 굴절이 더 이상 일어나지 않는다. 식(2-21)으로부터 임계각의 관계식이 다음과 같이 주어진다.

$$n_1 \sin\theta_c = n_2 \sin(\theta_2 = 90^\circ) = n_2 \Rightarrow \sin\theta_c = \frac{n_2}{n_1} < 1 \quad , (\text{if}, n_1 > n_2) \qquad \text{식(2-22)}$$

또한 임계각을 구하면 위 식을 이용해서 매질을 굴절률을 알 수 있다.

3) 반사에 의한 편광

빛은 전자기파로, 전자기파의 전기장 벡터와 자기장 벡터는 서로 수직이며 전자기파의 진행 방향에 수직이다. 편광 되지 않은 빛이 경계면에서 반사하면 특정한 방향으로만 진동하며 진행하는 편광 현상이 나타난다. 빛이 매질로 입사할 때 반사 광선과 굴절 광선 사이의 각도가 90°가 되면 반사 광선의 전기장 벡터가 경계면에 수평 방향으로 완전하게 편광 되는 현상이 나타난다. 이때의 입사각을 브루스터 각(Brewster's angle, θ_B) 또는 편광각(polarizing angle, θ_p)라고 한다.

[그림 2-41]과 같이 완전 편광 되는 경우 입사각이 편광각이면 $\theta_p + 90° + \theta_2 = 180°$ 이므로 $\theta_2 = 90° - \theta_p$ 이다.

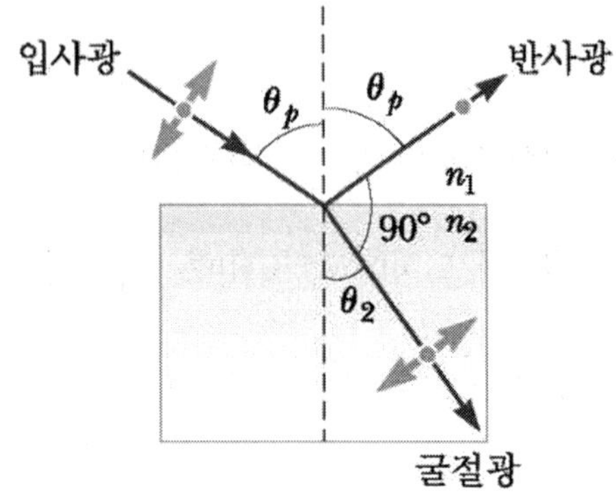

[그림 2-41] 반사에 의한 완전 편광

빛은 전자기파로, 전자기파의 전기장 벡터와 자기장 벡터는 서로 수직이며 전자기파의 진행 방향에 수직이다. 편광 되지 않은 빛이 경계면에서 반사하면 특정한 방향으로만 진동하며 진행하는 편광 현상이 나타난다. 빛이 매질로 입사할 때 반사 광선과 굴절 광선 사이의 각도가 90° 가 되면 반사 광선의 전기장 벡터가 경계면에 수평 방향으로 완전하게 편광 되는 현상이 나타난다. 이때의 입사각을 브루스터 각(Brewster's angle, θ_B) 또는 편광각(polarizing angle, θ_p)라고 한다. [그림 2-41]과 같이 완전 편광 되는 경우 입사각이 편광각이면 $\theta_p + 90° + \theta_2 = 180°$ 이므로 $\theta_2 = 90° - \theta_p$ 이다.

$\sin\theta_2 = \sin(90° - \theta_p) = \cos\theta_p$ 의 관계를 스넬의 법칙에 대입하면 아래와 같이 정리된다.

$$n_1 \sin\theta_p = n_2 \sin\theta_2 = n_2 \cos\theta_p$$

$$\frac{n_2}{n_1} = \frac{\sin\theta_p}{\cos\theta_p} = \tan\theta_p \qquad \text{식(2-23)}$$

식(2-23)을 브루스터의 법칙(Brewster's law)라 부른다. 대부분의 굴절 광선은 부분 편광 된다.

2. 실험 기구 및 재료

반도체 레이저(적색, 650nm, 2.5mW), 반원 아크릴 블록(n=1.489 @ 651nm), 광학대, 원반형 광 테이블과 캐리어

3. 실험 방법

1) 소한 매질에서 밀한 매질로 입사하는 경우($n_{입사} < n_{굴절}$)

① 반도체 레이저와 광테이블 캐리어를 광학대 위에 위치한다.

② 광테이블 캐리어 위에 원반형 광태이블을 올리고 반원 아크릴 블록을 중심에 맞춰 위치시킨다([그림 2-42] 참조).

③ [그림 2-43]의 (a)와 같이 레이저가 반원의 평평한 면으로 입사하도록 원반형 테이블을 돌려놓는다.

④ 원반형 테이블을 돌려가며 입사각, 반사각, 굴절각을 읽고 기록한다.

⑤ 반사각과 굴절각이 90° 가 되는 입사각을 측정한다(브루스터 각).

⑥ 식(2-21)의 스넬의 법칙과 식(2-23)의 브루스터의 법칙을 이용해 물체의 굴절률을 구하고 비교해 보라.

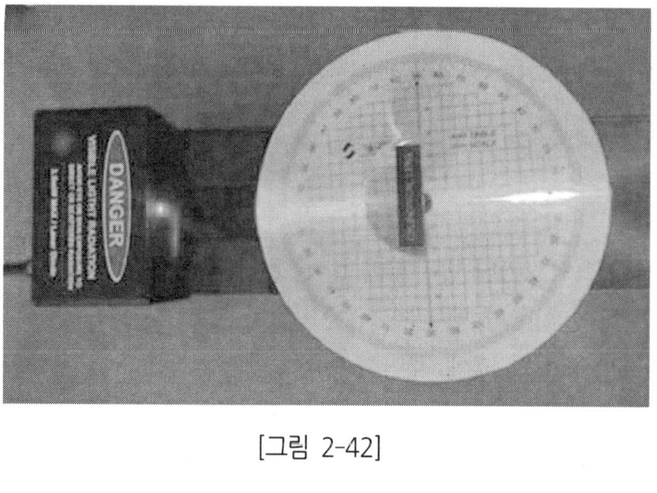

[그림 2-42]

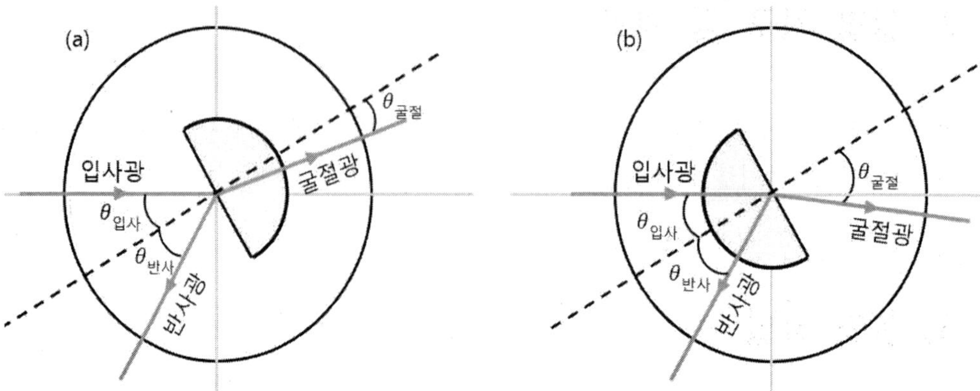

[그림 2-43] (a) 소한 매질에서 밀한 매질로 입사, (b) 밀한 매질에서 소한 매질로 입사

2) 밀한 매질에서 소한 매질로 입사하는 경우($n_{입사} > n_{굴절}$)

① 반도체 레이저와 광테이블 캐리어, 원반형 광테이블, 반원 아크릴 블록을 [그림 2-42]와 같이 설치한다. 반원 아크릴 블록의 중심을 원반형 광테이블의 중심과 맞춘다.

② [그림 2-43]의 (b)와 같이 레이저가 반원의 볼록한 면으로 입사하도록 원반형 테이블을 돌려놓는다(레이저가 볼록한 면으로 입사하는 경우 반원의 형태에 의해 입사각이 항상 0° 가 되므로 경계면에서 빛은 직진한다).

③ 원반형 테이블을 돌려가며 입사각, 반사각, 굴절각을 읽고 기록한다.

④ 굴절각이 90° 가 되는 전반사의 임계각을 측정한다.

⑤ 식(2-22)를 이용하여 물체의 굴절률(이론값)을 구하고 스넬의 법칙에 의해 구한 굴절률과 비교한다.

※ 주 의

- 레이저의 직사광이나 반사광이 눈에 들어오지 않도록 눈과의 높이를 조절한다.
- 레이저 광을 직접 보지 않도록 주의한다.
- 모든 설치가 끝난 후에 레이저를 켜도록 한다.

예비보고서

2-8 경계면에서의 빛의 성질

<table>
<tr><td>실험일시</td><td></td><td>학 과</td><td></td><td>담당교수</td><td></td></tr>
<tr><td rowspan="2">제출자</td><td>학 번</td><td>이 름</td><td>실 험 조</td><td colspan="2">공동실험자</td></tr>
<tr><td></td><td></td><td></td><td colspan="2"></td></tr>
</table>

1. 이론 요약 (측정값과 결과값을 중심으로)

2. 실험 방법 (실제 실험 중심으로 요약)

결과보고서

2-8 경계면에서의 빛의 성질

1. 소한 매질에서 밀한 매질로 입사하는 경우($n_{입사} < n_{굴절}, n_{입사} = 1$)

1) 실험 측정값 기록

입사각 $\theta_{입사}$ [°]	반사각 $\theta_{반사}$ [°]	굴절각 $\theta_{굴절}$ [°]	굴절률 $n_{굴절} = \frac{\sin\theta_{입사}}{\sin\theta_{굴절}}$
0			
10			
20			
30			
40			
θ_p			$n_{굴절} = \tan\theta_p$

2) 반사의 법칙이 성립하는가? 성립하지 않는다면 원인은 무엇인가?

3) 측정값에 의한 물체의 물질은 무엇으로 판단되는가?

4) 스넬의 법칙에 의한 굴절률과 브루스터의 법칙에 의한 굴절률(이론값)의 차이는 얼마인가? 오차의 원인을 서술하시오(아래 공란에 계산식을 첨부하라).

2. 밀한 매질에서 소한 매질로 입사하는 경우($n_{입사} > n_{굴절}, n_{굴절} = 1$)

1) 실험 측정값 기록

입사각 $\theta_{입사}$ [°]	반사각 $\theta_{반사}$ [°]	굴절각 $\theta_{굴절}$ [°]	굴절률 $n_{입사} = \dfrac{\sin\theta_{굴절}}{\sin\theta_{입사}}$
0			
10			
20			
30			
45			
θ_c			$\dfrac{1}{n_{입사}} = \sin\theta_c$

2) 반사의 법칙이 성립하는가? 성립하지 않는다면 원인은 무엇인가?

3) 측정값에 의한 물체의 물질은 무엇으로 판단되는가?

4) 스넬의 법칙에 의한 굴절률과 임계각을 사용한 굴절률(이론값)의 차이는 얼마인가? 오차의 원인을 서술하시오(아래 공란에 계산식을 첨부하라).

3. 고찰 (이론값과 측정값의 오차와 원인을 중심으로)

2-9 거울과 렌즈

실험 목적

얇은 렌즈와 거울을 이용하여 빛의 반사와 굴절을 이해하고자 한다.

1. 배경 이론

렌즈나 거울과 같은 광학기기를 통해 진행한 빛은 각각 굴절되거나 반사되어 상을 맺히며, 얇은 렌즈 또는 거울에 대한 주요 광로로 그 결과를 예측할 수 있다. 다음은 대표적으로 얇은 렌즈에 대한 주요 광로이다.

① 렌즈의 중심을 통과하는 빛은 직진한다.

② 광축에 평행하게 렌즈에 입사한 빛은 렌즈를 통과한 후, 렌즈의 초점을 지나거나(볼록렌즈), 초점에서 나온 것처럼(오목렌즈) 진행한다.

③ 초점을 지나서(볼록렌즈) 렌즈로 입사하거나 렌즈 뒤의 초점을 향해(오목렌즈) 입사하는 빛은 렌즈를 통과한 후, 광축에 평행하게 진행한다.

렌즈 또는 거울에 의해 맺힌 상의 위치와 물체의 위치의 관계는 얇은 렌즈의 방정식에 의해 다음과 같이 주어진다.

$$\frac{1}{a}+\frac{1}{b}=\frac{1}{f} \qquad \text{식(2-24)}$$

여기서 렌즈에서 물체까지의 거리 a, 렌즈에서 상까지의 거리 b이며 f는 렌즈의 초점거리이다. 스크린에 맺힌 상은 렌즈 또는 거울과 물체의 관계에 따라 확대되거나 축소되는 데, 상의 길이 I,와 물체의 길이 O의 비를 가로배율 M이라 하며, 다음과 같다.

$$M = \frac{I}{O} = \frac{b}{a} \qquad \text{식(2-25)}$$

이번 실험에서는 대표적인 광학기기인 렌즈와 거울을 사용하여 빛의 광로에 대한 상의 변화를 살펴보고자 한다.

1) 볼록 렌즈(convex lens)

렌즈의 가장자리보다 가운데가 더 두꺼운 렌즈이다(수렴 렌즈(converging lens) : 축과 평행한 광선들을 한 점(초점)으로 모이게 한다).

2) 오목 렌즈(concave lens)

렌즈의 가장자리보다 가운데가 더 얇은 렌즈이다(발산 렌즈(diverging lens) : 축과 평행한 광선들을 한 점(허초점)으로부터 발산한 것처럼 발산시킨다).

3) 볼록 거울(convex mirror)

물체의 한 점에서 나온 광선들은 거울에서 반사된 후, 광선들이 거울 뒤의 한 점(초점)에서 나오는 것처럼 보인다(발산 거울 : diverging mirror).

4) 오목 거울(concave mirror)

물체의 한 점에서 나온 광선들은 거울에서 반사된 후, 한 점에 수렴한다(수렴 거울 : converging mirror).

2. 실험 기구 및 재료

얇은 볼록 렌즈, 얇은 오목렌즈, 오목 거울, 광학대, 광원, 물체(crossed arrow target), 스크린, 지지대, 버니어 캘리퍼스

3. 실험 방법

1) 볼록 렌즈의 초점 거리 측정

① 렌즈 지지대에 측정하고자 하는 렌즈와 스크린을 각각 부착하고, 광원에 물체를 부착한다. [그림 2-44]와 같이 물체를 부착한 광원, 렌즈, 스크린을 광학대 위에 배치한다.

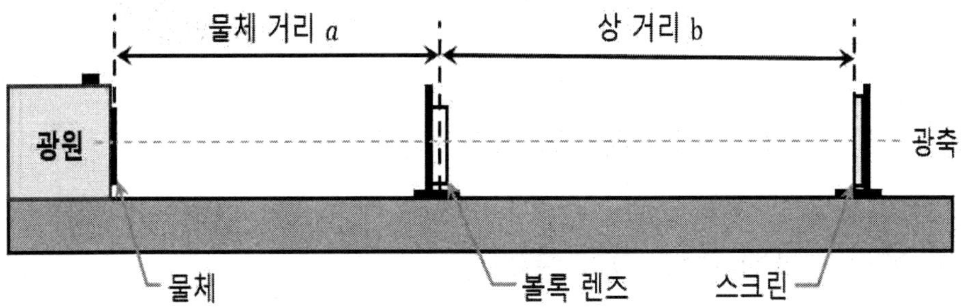

[그림 2-44] 볼록 렌즈 실험 장치

② 스크린에 상이 맺히도록 렌즈와 스크린의 위치를 앞뒤로 조절한다.

③ 렌즈에서 물체까지의 거리 a와 렌즈에서 상까지의 거리 b를 측정하고 결과 보고서에 기록한다.

④ 물체의 길이 O와 상의 길이 I를 측정하여 결과 보고서에 기록한다.

⑤ 초점거리가 다른 렌즈를 이용하여 앞의 실험을 반복한다.

2) 오목 렌즈의 초점 거리 측정

① 렌즈 지지대에 측정하고자 하는 렌즈와 반쪽 스크린을 각각 부착하고, 광원에 물체를 부착한다. [그림 2-45]와 같이 물체를 부착한 광원, 렌즈, 스크린을 광학대 위에 배치한다. 이때, 스크린은 광원의 반대쪽에 지지대의 반만 가리도록 부착하여 오목 렌즈에서 굴절된 상이 맺히도록 구성한다.

② 반쪽 스크린에 상이 맺히도록 렌즈와 스크린의 위치를 앞뒤로 조절한다.

③ 렌즈에서 물체까지의 거리 a와 렌즈에서 상까지의 거리 b를 측정하고 결과 보고서에 기록한다.

④ 물체의 길이 O와 상의 길이 I를 측정하여 결과 보고서에 기록한다.

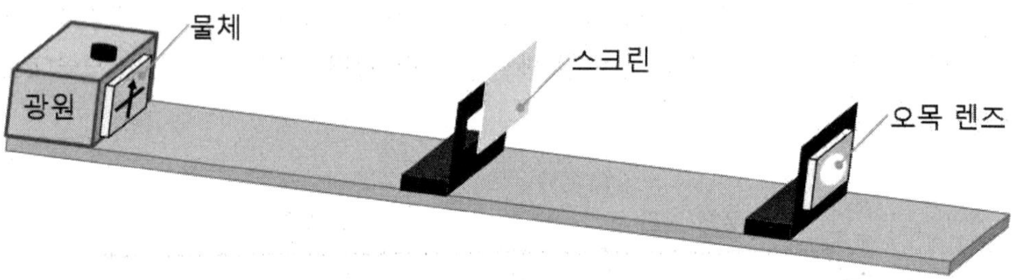

[그림 2-45] 오목 렌즈 실험 장치

3) 오목 거울의 초점 거리 측정

① 오목 렌즈의 초점 거리 측정과 같은 방법으로 실험한다.

② 이 때 스크린은 광원의 반대쪽에 지지대의 반만 가리도록 부착하여 오목 거울에서 반사된 상이 맺히도록 구성한다.

③ 반쪽 스크린에 상이 맺히도록 렌즈와 스크린의 위치를 앞뒤로 조절한다.

④ 거울에서 물체까지의 거리 a와 거울에서 상까지의 거리 b를 측정하고 결과 보고서에 기록한다.

⑤ 물체의 길이 O와 상의 길이 I를 측정하여 결과 보고서에 기록한다.

예비보고서

2-9 거울과 렌즈

실험일시		학 과		담당교수	
제출자	학 번	이 름	실 험 조	공동실험자	

1. 이론 요약 (측정값과 결과값을 중심으로)

얇은 렌즈에 대한 주요 광로를 참고하여 렌즈와 거울에 대한 주요 광로를 그리시오.

1) 볼록 렌즈에 대한 주요 광로

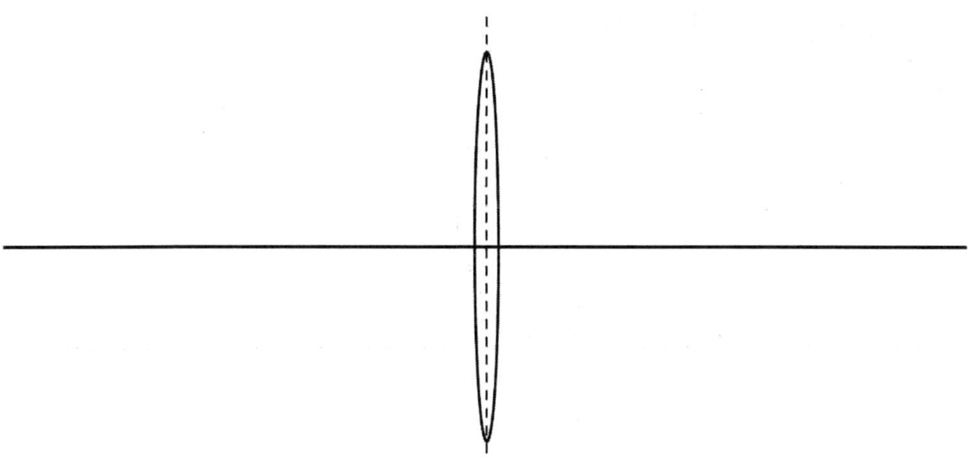

2) 오목 렌즈에 대한 주요 광로

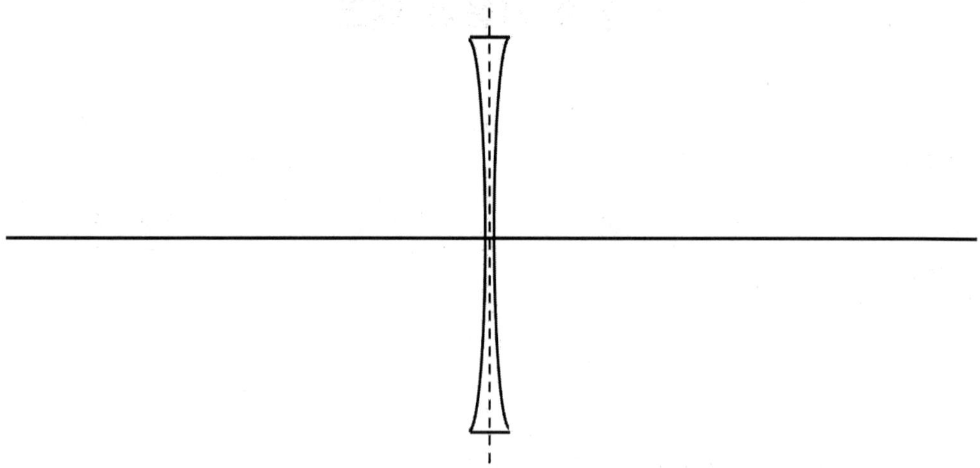

3) 오목 거울에 대한 주요 광로

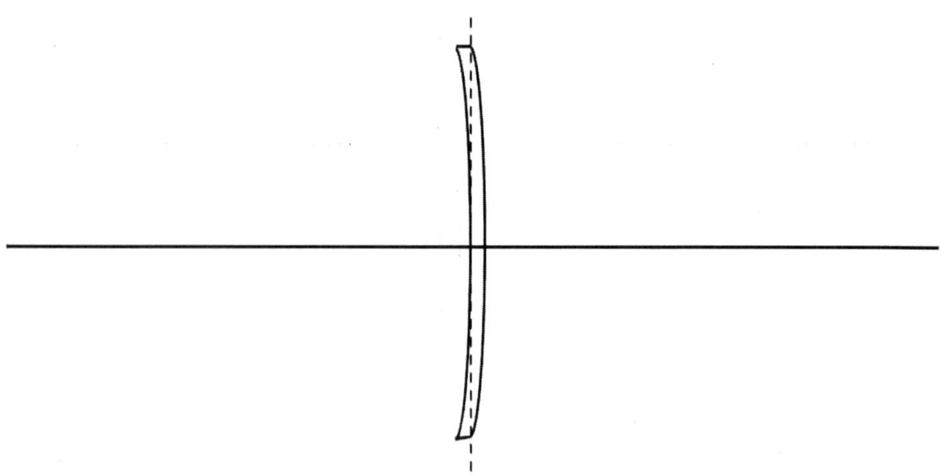

2. 실험 방법 (실제 실험 중심으로 요약)

결과보고서

2-9 거울과 렌즈

1. 볼록 렌즈의 초점 거리 측정

	물체 거리 $a\ [cm]$	상 거리 $b\ [cm]$	물체 길이 $O\ [mm]$	상 길이 $I\ [mm]$
렌즈 1				
렌즈 2				

	렌즈의 초점거리 (단위 :)	측정된 초점거리 (단위 :)	초점거리 오차(%)	배 율
렌즈 1				
렌즈 2				

1) 아래 공란에 초점거리, 초점거리 오차, 배율의 계산 과정을 서술하시오.

2. 오목 렌즈의 초점거리 측정

	물체 거리 $a\,[cm]$	상 거리 $b\,[cm]$	물체 길이 $O\,[mm]$	상 길이 $I\,[mm]$
렌즈				

	렌즈의 초점거리 (단위 :)	측정된 초점거리 (단위 :)	초점거리 오차(%)	배 율
렌즈				

1) 아래 공란에 초점거리, 초점거리 오차, 배율의 계산 과정을 서술하시오.

3. 오목 거울의 초점 거리 측정

	물체 거리 $a\,[cm]$	상 거리 $b\,[cm]$	물체 길이 $O\,[mm]$	상 길이 $I\,[mm]$
거울				

	거울의 초점거리 (단위 :)	측정된 초점거리 (단위 :)	초점거리 오차(%)	배 율
거울				

1) 아래 공란에 초점거리, 초점거리 오차, 배율의 계산 과정을 서술하시오.

4. 구면수차에 대해 조사하고 간략하게 기술하시오.

5. 고찰 (이론값과 측정값의 오차와 원인을 중심으로)

저자 소개

▌황 지 현

- 인천대학교 자연과학대학 물리학과 졸업
- 인천대학교 이학박사(물리학)
- ㈜ 한백 부설연구소 연구2팀 연구원
- ㈜ 알에프트론 부설연구소 연구원
- 인천대학교, 성결대학교 물리학 강의

대학물리학 실험

2022년 2월 20일 1판 2쇄 발행

저 자 황 지 혀
발행인 남 승 우

발행처 도서출판 상尙 학學 당堂

서울특별시 동작구 사당로9가길 6
TEL : 02) 595-1692～4
FAX : 02) 595-1394
E-mail : shdbooks@naver.com
신고 : 2-155호 (1968. 11. 29)

정가 23,000원

ISBN 978-89-6587-190-3 93420